肉味厨房

陈秉文 著　周祯和 摄影

中国轻工业出版社

尽情享受美好的烹饪体验

能够为陈秉文老师写序，是我莫大的荣幸。

2017年12月，通过OIGEN（及源铸造）台湾事业代表卓先生的介绍，我在桃园餐厅和秉文老师有了初次见面的机会。还记得见到老师的第一印象，是那笑容可掬的帅气外形、礼貌谦和的性格与擅长铸铁锅料理的能力。

通过互动，我很快得知他对铸铁厨具有深刻的理解和热情。同时也感受到他对于掌握世界各地不同类型的铸铁锅料理是多么自信和自豪。因此，我们相当高兴老师能在他的新书中使用铸铁锅新品"源"（MALUTTO）和"返"（SOLITTO）。诚挚感谢老师的邀请，也希望借此让更多人认识到铸铁锅的导热均匀及高保温（适用于肉类）的特性。

曾有人说过，美味源自自然界食材和热能的美好相遇。因此，我们相信秉文老师会被更好的铸铁锅产品所吸引，不仅仅是因为其美丽的外观和精湛的工艺，更是因为其能有效地运用热能将天然食材转化成美味的料理。像秉文老师这样优秀的美食创造者，一定能与优秀的铸铁锅产生绝妙的火花。

祝福秉文老师的事业蒸蒸日上，期待本书的到来。也希望大家能享受到铸铁锅带来的美好烹饪体验。

及源铸造株式会社 第五代社长

及川久仁子

精致美味的料理让人惊讶与感动

首先恭喜秉文老师的新书《肉味厨房》出版！

第一次与秉文老师合作至今已经5年以上，期间他担任我们好侍食品食谱开发及料理教室活动讲师，给了大家非常多的恩惠。

秉文老师的料理，是将世界各国的料理融合转变成个人的特色，摆盘精致美丽，料理美味可口，无论是小朋友还是大朋友都能美美地享用。这也让我每次都非常惊讶及感动。

料理活动上，对于现场的妈妈们来说，老师不仅帅气，料理经验也相当丰富。对于小朋友来说，他更是一个会亲自指导料理动作，如同大哥哥般的存在。

相信购买此书籍的读者也一定能感受到并制作出温暖及充满幸福感的餐桌料理。

也期待秉文老师能创作出更多令人感动的料理，将这份幸福带往世界各地。

台湾好侍食品 董事·企划开发部长

小林大辅

增加肉类烹饪的乐趣

现在素食主义当道，但肉类等动物性食物才是蛋白质的主要来源。除蔬菜水果外，一日三餐中我们还需要搭配适量的肉类。一位日本脑部医学专家在他的著作中提到，老年人也要吃肉，肉类中的动物性蛋白质能让老人家的肌肉强健，肌肉强健了走路才有力，活动量才能增加。会动才会活！既然是长肌肉，那我觉得成长中的小孩和从事运动的成人都需要肉类的营养。

会讲日语、韩语，有西餐、日本料理背景，大量阅读世界各国料理书的秉文，做出来的肉料理一定多样、高级且适合大多数人的口味。

每次我们公司做活动，秉文都会主动问是否需要帮忙，从这本书里不藏私的分享，也能看出秉文的热心与对料理的热情。

希望秉文的这本书可以增加你对肉类烹饪的乐趣！让你吃得健康、活得快乐！

奥利塔橄榄油台湾专属品油师

吴文玲

在生活中体会食物的美好

　　恭喜秉文新书《肉味厨房》的出版，也很荣幸受邀写推荐序。我和秉文是在飞利浦认识的，记得他常说他的目标是能像英国的型男厨师——杰米·奥利佛（Jamie Oliver）一样，将饮食轻松地融入生活中，让人们体会到食物的美好，所以他的料理总是充满各种巧思！

　　这次秉文老师出版的新书，从料理的口感到肉品部位的掌握与料理手法都一一详解，无论对于新手还是经常做料理的人，都是一本相当实用的工具书，相信所有读者在看完之后，都能让家中的餐桌更加丰富，在家就能品尝世界各地的美食。

　　期许秉文不仅是在台湾发光发热，往后也能将美味散播到世界各个角落。

台湾国际年轻厨师协会荣誉理事长

黄景辉

熟悉的肉味，最对味！

　　很开心能和大家分享丰富的全肉类料理食谱，"肉"一直都是身为厨师的我在料理上以及铁锅中不可或缺的主要角色。肉要腌多久才入味？火候如何掌控？如何以酒入菜？如何煮肉味才浓郁、口感才会鲜嫩丰富？本书除了让读者们了解烹煮肉品的艺术之外，也让他们可以轻松结合不同油品、酒类与调味料的可能性，美味秘诀一次获得。

　　中餐料理与西餐烹调是本书的灵魂，涵盖香煎、拌炒、烧卤、低温油封、油炸、炙烤、烟熏等相关知识，展现不同肉类烹调的美妙艺术！只要找到最适宜的调味与烹煮方式，没有不好吃的肉和部位！

　　"肉类"料理最常遇到的问题——温度的掌控，是我想传达给大家的烹调关键。有一口导热、蓄热性好且受热均匀的铸铁锅，能更快速地以最适当的温度上菜。跟着书中食谱，人人都能轻松掌握铁锅的烹调运用，享受更健康的饮食以及愉悦的烹饪时光，借由"食光"创造自己与亲友们更美好的回忆。

　　食谱中的料理香味，除了来自好的肉材，也来自搭配料理的调味油品。若想让烹调好的肉保湿，需要使用充满橄榄果香味的橄榄油；喜爱高温或油炸料理的读者可以使用芥花油、葵花子油；营养成分高的米糠油和葡萄子油，也是适合全家人的健康油品。

　　中餐料理中最常与肉品搭配的酱油，本书也使用独特、气味纯净、色泽清澈的黑豆酱油。至于西餐料理，也融入了多种酒类运用，像是炸肉面糊中加入啤酒，能让肉吃起来轻盈爽口；威士忌则赋予肉的成熟泥煤味，而细致香甜的白兰地可以说是肉品的香水。搭配容易操作的日本北海道白酱块，与带点儿南洋风味的爪哇咖喱块，让料理新手也能轻松把美味端上桌。

　　当人们开始对肉的部位与烹调方式产生兴趣时，才算是真正开始懂得吃肉。掌握肉的部位特性，活用烹煮技巧，料理纯熟度更加分！希望通过一系列的肉料理食谱，重新诠释中餐料理与西餐烹调手法，若能带给您在肉食烹调上的收获或激发料理上的创意，我将为此感到欣慰。

秉公厨理　

Contents
目录

PART
2

牛肉 ‖

PART
3

鸡肉

CHAPTER 1

精选食材与锅具

主要食材

灵魂调味

关键锅具

料理小教室

主要食材

认识肉品部位与口感，了解最适合的料理手法

BEEF

牛肉

使用部位

▶ 肋眼牛排

靠近背脊的肌肉，肉质嫩度次于菲力，油花多类似大理石纹且分布均匀，可说是最被人熟知的牛排部位。

|料理口感| 通过高温煎烤后散发出牛脂香味时是最美味的，肉质鲜嫩有嚼劲。

▶ 嫩肩牛肉

嫩肩部位由于肌肉运动量多，筋肉结实，中间有一根透明的嫩筋。

|料理口感| 适合以煎烤或薄片汆烫方式烹调。

▶ 翼板牛肉

同肩胛部位，有许多筋络及油花，吃起来软嫩适中，是牛肩唯一较软的部位。

|料理口感| 可以薄切或厚切煎烤、油炸，建议熟度五或七成熟。

▶ 牛颊肉

是牛平时做咀嚼运动时所使用的部位。

|料理口感| 富含胶质，炖煮后转为软嫩，最常用的烹调方式为炖煮。

▶ 牛腱

是牛的后小腿肉，胶质多且带筋，由于该部位肌肉运动量大，油脂亦较少。

| 料理口感 | 非常适合炖煮或煲汤，口感柔细、有嚼劲。

▶ 牛肋条

位于肩腹肉后方，油脂多、味道浓郁。

| 料理口感 | 非常适合长时间炖卤，之后仍能保持其弹性。带嚼劲的肉质较有韧性，且因脂肪含量高，吃起来香滑多汁，不干涩。亦可以用烤的方式，至表面微焦即可。

▶ 菲力牛肉

取自靠近牛脊的腰内肉部位，脂肪含量少，每头牛只能取出几千克的菲力，是肉质最嫩的部位。

| 料理口感 | 肉质鲜嫩，肉汁鲜美。适合煎烤，建议熟度为3成熟。

▶ 牛小排

从肋排延伸，取自第六～八根肋骨下方的带骨肉，不过骨头跟肉中间有一层脂肪，食用时很容易分开骨肉。

| 料理口感 | 口感滑嫩多汁，由于油脂较多，适合煎烤，熟度建议五至七成熟，才可逼出油脂的香气。

▶ 牛舌

牛舌靠近舌尖1/3处，适合切薄片，后舌根适合切厚片。

| 料理口感 | 薄切吃起来清爽脆口；厚切则口感筋道、肉味浓郁，适合炖、烤、煎煮。

▶ 牛肚

牛肚即牛胃，牛有4个胃，其中表面平滑的干肚和像地毯的草肚，是很多人喜欢吃的部位。

| 料理口感 | 耐嚼、滑顺，常用于酱炒、炖卤。

PORK
猪肉
使用部位

▶ 猪里脊

　　取自猪背脊中间的部位，油脂较少、有嚼劲，形体和纹路工整，算是猪肉中很好烹调的部分。肉块平整，料理后有浓郁的肉香味。

　　｜料理口感｜ 因为肉质比较紧密、细致，不适合长时间烹煮；但短时间的烹煮，像是切成厚猪排，或者切丝爆炒的口感都很好。烹调前，可用肉锤或刀背拍肉，此动作把肉的肌肉组织和纤维拍断，烹调时肉的收缩有限，可维持肉质松软，不会过度干硬。

▶ 腰内肉

　　猪背脊骨下面一条与大排骨相连的瘦肉，是运动最少的部分，也是全猪最鲜嫩的一块肉。肉味较淡、无骨不带筋，脂肪含量低。

　　｜料理口感｜ 因为肌肉纤维细，为避免肉汁流失，适合煎、炒、炸等短时间的烹调方式。

▶ 猪肋排

　　是五花肉最后一层与骨头之间的瘦肉部分。肉层较厚，脂肪含量高，且具有软骨。

　　｜料理口感｜ 肋排部位肉质多汁，适合烧烤、炖煮。

▶ 战斧猪排

　　猪的里脊或是前腿上的梅花肉连着猪肋骨切出的部位，可以吃到里脊或梅花肉，也可以吃到猪肋的肉；形似斧头，故称"战斧"。

　　｜料理口感｜ 由于这个部位连着肋骨，所以肉片一定会厚。厚的肉片，可以烤，也可以煎。记得烹调前将肉表面擦干，放于室温回温，口感才会软嫩。

▶ 猪五花肉

很多人喜欢吃五花肉，五花肉是猪背脊下方的肚腩部位。皮、脂肪、肉分层清楚，也称为"三层肉"，有大量油脂，风味强烈。一块猪五花，可品尝到多样风味。购买五花肉可挑选厚一点儿的，以前段的为最好。

｜料理口感｜ 可依料理需求来挑选肥瘦比例，油脂丰富的五花肉口感温润，适合切块红烧或卤、炖煮，不用担心长时间炖煮而肉质变硬，而是会越煮越入味，猪皮中的胶原蛋白也会让料理有胶质感。

▶ 松阪猪

猪颈肉又常被称为"松阪猪"，因为这个部位吃起来的口感不输给松阪牛，所以才取了这个名字吸引消费大众，猪颈肉占全猪比例很少，一头猪只能取约六两（300克），因此又称为"黄金六两"。

｜料理口感｜ 松阪猪肉质口感脆、油脂也够，烹调时切薄片，宜快速烹调，不宜炖煮，否则肉会越煮越硬。

▶ 猪梅花肉

属于猪的上肩胛肉，油脂分布均匀，是很多人最常食用的部位。因为有筋有肉，口感丰富。由于现代人不喜欢油脂过多的肉，因此市售的大多已预先把皮和脂肪层切除了。

｜料理口感｜ 适合炖煮、红烧、烘烤，烹调时间越久越能将味道煮进肉里。

▶ 猪小排

取自猪腹腔靠近肚腩的部分，小小的一节，骨肉算多的。

｜料理口感｜ 料理上适合长时间烹调入味，如糖醋、红烧都是常见做法，肉质和大里脊肉的口感差不多，比较有嚼劲。

猪脚

猪脚分为前脚、后脚，每只脚都有两大两小总共四个蹄，多做成蹄花，通常处理会先去除指甲，猪脚皮厚筋多，胶原蛋白丰富。

｜料理口感｜ 适合卤煮、红烧，软嫩又有弹性。

猪肝

猪肝在中式料理中变化很多，在有些西式料理中也可以看见它的踪影。在一般小吃店常吃到的小菜“粉肝”，其实就是“脂肪肝”，猪肝本身就含有较多的脂肪。选购时注意颜色应呈暗红色，新鲜的猪肝具弹性且外观平滑。

｜料理口感｜ 通常会以蒸或焖来烹煮，呈现粉嫩的口感。可切片后在牛奶中浸泡10～15分钟，不仅可去腥，也会让猪肝保持软嫩。

猪舌

带有韧度的猪舌是常见的小吃之一，选购猪舌要注意弹性、鲜度以及颜色。正常的猪舌呈灰白色，但如果摸起来有过多黏液则表示已经不新鲜。

｜料理口感｜ 料理猪舌前，先汆烫与刮除舌苔，再简单水煮，口感脆嫩。

羊肉片

通常选用嫩肩部位，其特色在于肉中均匀夹着油花。

｜料理口感｜ 肉质滑嫩可口，少腥膻味，为卷曲薄片，烹调可以轻涮、拌炒。

▶ 羊排

羊肩沿胸椎至肋骨（通常是第一～四根）切割而得的羊肉，这个部位活动较少，肉质嫩，筋膜少且肋骨附带里脊肉，和带骨上等牛肋排是同一个部位。

│料理口感│烹调适合煎烤至五成熟，口感鲜嫩多汁。

▶ 羊排骨

羊排骨是指羊的肋条及连着肋骨的肉，外覆一层层薄膜，肥瘦结合，质地松软。

│料理口感│羊排骨适合用来煲汤。羊肉比牛肉的肉质要更细嫩，容易消化，高蛋白质、低脂肪、含磷脂多；比猪肉和牛肉的脂肪含量都要少，胆固醇含量也少。

▶ 羊肋排

羊肋排指取下肩、腿、胸腹肉等主要部位后，剩下的肋骨部分及其附着肉。

│料理口感│羊肋排带筋，弹性十足，适合烧烤或炖煮烹调。

CHICKEN

鸡肉

使用部位

▶ 鸡腿

通常分为棒棒腿与鸡腿排两部分，是运动量很大的部位。

│料理口感│肉质扎实且筋道，也常以去骨鸡腿的形式贩卖，料理起来更方便，可煲汤、拌炒、炖卤、油炸、煎、烤等。

▷ 鸡胸肉

几乎零脂肪的部位，包含胸骨、小里脊，去除后即为大家熟悉的鸡胸肉。

| **料理口感** | 因油脂含量少，烹调容易干柴，可低温水煮或清蒸，是很多减重者的理想食材，烹调时爆炒、清蒸、水煮都适合。

▷ 鸡翅膀

鸡翅膀又称为全翅、三节翅。翅根指的是翅膀根部到第一个关节处，二节翅是将翅根切掉后剩余的部位。

| **料理口感** | 鸡翅膀富含胶质，烹调手法适合炖、卤、烤或油炸等。

▷ 鸡脚

富含胶质、钙质。洗净后去除指甲再烹调，食用上较为方便。

| **料理口感** | 常用来煲汤或做卤味，软嫩筋道。

▷ 鸡颈肉

为鸡头下边的肉，是经常转动的肌肉部位。

| **料理口感** | 肉质弹性高，有嚼劲；适合煎、炒、烤或油炸。

▷ 鸡心

鸡的心脏，也是常吃的动物内脏，很多人喜欢吃鸡心的原因是有以形补形的想法，鸡心颜色偏紫红、肉质较韧，外表附有油脂和筋膜。

| **料理口感** | 料理时可先从中间切开，去掉里面残存的血块，然后再洗净即可。烹调常用油炸、爆炒、炖卤等方式。

▶ 鸡软骨

鸡软骨多半取用鸡胸骨的尖三角部分。鸡软骨的主要成分是多种蛋白质，如软骨黏蛋白、软骨硬蛋白和胶原蛋白等，吃了有助增加皮肤弹性。

| 料理口感 | 有弹性、脆口，适合油炸、火烤。

▶ 鸡胗

鸡胗就是鸡的肌胃（砂囊），肉质较厚实，用以磨碎食物。

| 料理口感 | 鸡胗为红色，肉质较韧，煮熟后口感爽脆。烹调常用水煮、油炸、爆炒、炖卤。

▶ 鸡肝

鸡的肝脏，富含铁质。怕腥味重的话，可先入锅汆烫，之后用清水洗净，再做后续烹煮。

| 料理口感 | 以香油热炒或是油泡方式低温烹调，内脏部位非常适合做成较重口味的料理，如酱炒、炖卤或油焖等。

DUCK

鸭肉

使用部位

▶ 鸭赏

为中国台湾宜兰名产，以传统古法制作，耗时费工。将去除内脏的鸭收拾干净，经盐渍、风干，再以木炭和甘蔗熏烤入味，色泽金黄，咸香下饭。

| 料理口感 | 有嚼劲而又不老、不韧，可直接吃，也适合凉拌、煎、炒。

▶ 鸭胸

　　鸭胸肉厚实、油脂丰富，肉质细嫩且富含优质蛋白质。

　　│ **料理口感** │ 烹调可用煎烤方式，口感细腻，肉味浓郁。

▶ 鸭腿

　　活水放养的鸭的鸭腿，肉质肥美、鲜而不腻。

　　│ **料理口感** │ 肉质弹嫩而紧实，适合烤、油封、炒、炸等方式。

GOOSE

鹅肉

使用部位

▶ 鹅胸肉

　　蛋白质含量较高，脂肪、胆固醇的含量较低，与鸡肉类似。

　　│ **料理口感** │ 营养丰富、肉嫩味美、不饱和脂肪酸含量高，适合煎烤、蒸等方式。

▶ 鹅腿肉

　　鹅腿脂肪的熔点也较低，肉质柔软，比较容易消化。鹅肉含有多种人体所需的氨基酸、维生素等。

　　│ **料理口感** │ 肉质结实，脂肪含量低、不饱和脂肪酸含量高，适合煎烤方式。

▶ 鹅蛋

　　椭圆形，体积约为一般鸡蛋的三倍大，味道较浓，外观为米白色，表面较光滑。

　　│ **料理口感** │ 烹调手法适合水煮、油煎。

灵魂调味

中式调味料

▶ **无油水饺蘸酱**

以纯酿造酱油为基底，调和纯酿造醋与大蒜，香气十足而不油腻，搭配水饺、煎饺、煎豆腐，或是作为白切肉蘸酱都十分美味。也可依个人喜好添加香油增添风味。

▶ **海山酱**

使用非转基因黄豆为原料制成的海山酱，是适用山珍海味的独门酱料，也可搭配刚出炉的炸物，广泛运用于各式特色小吃。

▶ **谷物醋**

使用糯米、大麦、燕麦为原料100%纯酿造，不添加冰醋酸、防腐剂等化学添加剂。谷物香气更醇厚，酸度达5.5%，味道温和，适合各式料理调味、蘸酱调配、蔬菜凉拌等。

▶ **特级乌醋**

使用特级糯米与香辛料酿造，无化学原料、焦糖色素，香气温和不刺激，酸度适中不咬喉，是广受喜爱的醋品。适合羹汤、热炒类料理，如黑醋酱里脊肉块。

▶ **淡口酱油**

使用精选黑豆，无麸质残留，不添加防腐剂，气味纯净、口感鲜甜、色泽清淡。推荐用于简单蔬食料理，以衬托食材原味，如嫩肩牛肉、凉拌米粉等。

▶ **黑豆酱油**

使用精选黑豆，不加糖与任何人工添加物，无麸质残留，气味纯净、色泽清澈。适合以卤炖方式呈现食材原始风味。

▶ 甘甜油膏

不添加防腐剂的酱油膏，以顶级大吟酿酱油为基底，不加焦糖色素及人工味精，使用欧盟进口淀粉及酵母粉，口感自然滑顺回甘。可蘸、炒、卤、拌，口味微甜，适合搭配氽烫肉类、凉拌等白肉料理。

▶ 烤肉酱

以纯酿酱油为基底，添加金橘汁、柠檬汁、大蒜、辣椒，经过烹煮加热香气十足。

肉品先以烤肉酱腌渍30分钟再烘烤，既能使肉品充分入味，又能控制酱料摄取量，先腌再烤才健康。

西餐常用调味油

▶ 顶级葵花子油

油质清澈透明，不饱和脂肪酸含量高达88%，富含维生素E，是烹调健康美食的佳选，发烟点可达230℃。温煎、油炸时使用，口感清爽。

▶ 葡萄子油

葡萄子油的"多不饱和脂肪酸"含量为68%，在所有油脂里是最高的。油质清爽是它给人的第一印象，淡绿色的油光，是含有"花青素"的最好证明，发烟点为240℃。

▶ 芥花油

一种以芥花子为原料的食用油，单不饱和脂肪酸的含量为68%，跟橄榄油的油脂营养成分最接近，是高温热炒食用油的理想选择之一，发烟点达230℃。以玻璃瓶装为优，一般市售芥花油多为塑胶瓶分装。

▶ 米糠油

又称"糙米油"，以糙米胚芽制成，有淡淡的米香味，油脂组成比例最理想。发烟点高达250℃，适合高温烹调使用（炒菜温度一般为200℃）。

▶ 纯橄榄油

单不饱和脂肪酸含量为75%，味道清新。不经化学改造或混合其他油类。虽然纯橄榄油以冷压方式压榨，但经过脱油烟及脱味处理，较第一道冷压橄榄油耐高温，发烟点为200℃，果香温和，不苦也不辣。

▶ 初榨橄榄油

"特级初榨橄榄油"是橄榄油里最高等级的油，单不饱和脂肪含量为75%，颜色呈现天然黄绿色，自然散发淡淡水果香气，含入口中能感受到浓郁的橄榄风味，有时会略带苦味及刺激，适合中低温烹调，发烟点为180℃。

更多食材

▶ 意大利醋膏

可搭配冰激凌、水果、沙拉食用。亦可用来画盘，增加料理视觉上的丰富感。炒蘑菇或蔬菜时也可加入些许醋膏代替酱油。

▶ 鳀鱼酱

"鳀鱼酱"之于意大利料理，就好比鱼露之于泰国菜般重要。少了这一味，就无法呈现出正宗的味道！适用于制作酱汁、搭配面包、沙拉、意大利面、比萨、热炒类。

▶ 去皮切丁番茄罐头

欧洲最初的番茄可能是黄色品种，意大利人称成熟金黄色的番茄为"金苹果"。16世纪，番茄由美洲传入欧洲，随着那不勒斯番茄意大利面的流行，番茄的应用也更为广泛。由于番茄中含有天然甘味"谷氨酸"成分，所以常被专业主厨当作料理中的天然鲜味的来源。

▶ 北海道白酱料理块

以鲜奶油（由日本北海道100%鲜奶制成）与奶酪为原料制成的北海道白酱料理块，乳脂肪含量为50%，完整呈现北海道鲜奶的香醇口感，可广泛使用于各式汤品、浓汤、焗烤等以白酱为基底的料理。

▶ 爪哇咖喱块

源自南洋印尼爪哇的口味，蕴含咖喱香辛料独特的香气，并添加椰奶及小茴香、丁香等精选香辛料，是一款重口味的咖喱。

▶ 香味焙煎雪片

以香料蔬菜、法国生产的红酒、红酒醋及红葱一起熬煮而成的特制红酒酱，可增添料理多层次的风味口感。

▶ 意大利面

选用100%杜兰小麦，蛋白质含量高达14.5%，坚持传统石臼慢磨制粉，通过仿古"铜模"压制成型，面体表面粗糙、纹理深，更能吸附酱汁，本书使用的六款面型分别为直面、墨鱼直面、大水管面、米型面、贝壳面以及笔管面。

▶ 泥煤威士忌

酒精浓度50%，以重泥煤熏制，采用100%苏格兰大麦酿制，然后在波夏LOCHSIDE（湖畔）村的酒厂静置熟成，并使用艾雷岛当地泉水进行装瓶作业。泥土般的焦油泥煤烟熏证明它来自波夏，酒液散发出柠檬、水蜜桃以及绿色葡萄的香芬，而香草荚、奶油椰子和巧克力的多种交错更迭的香味，则是经过橡木桶陈年的香气特色。

▶ 纯麦威士忌

无泥煤，为布莱迪的经典酒款，以100%苏格兰大麦制成，缓慢蒸馏，全程于LOCHINDAAL（因达尔湖）沿岸熟成，存放于优质美国橡木桶，虽然位于艾雷岛上，但是却无泥煤味，而是拥有微微的烟熏味以及海草、薄荷及花果的香气。

▶ 橙酒

君度橙酒是融合甜味、苦味的橙皮浸软后蒸馏所撷取出来的，是色泽完美透明的柑橘香甜酒。浓郁酒香中混入香甜橙味，鲜果交杂着柑橘的自然果香，而菊花、白芷根和淡淡的薄荷香味综合出君度橙酒特殊的浓郁气质。

▶ 白兰地

采用法国干邑地区最好的葡萄酒来酿制，陈酿时间4~14年，平均陈酿时间为9年，是同样VSOP（高级白兰地）等级里最久的。独有的杏桃味及葡萄香，结合海鲜的甘美、红肉的粗犷、白肉的滑嫩及中式佐料的特殊口味，能在味蕾上产生更丰富的变化。

▶ 红葡萄酒

可增加果香，平衡食材风味，多用于炖煮，可软化肉质，亦可用于甜点，增加酒香与厚度。

▶ 莫雷蒂啤酒

意大利莫雷蒂啤酒是意大利知名品牌，可以闻到啤酒花散发出的淡淡柑橘香气，能感受到明显的玉米风味与麦芽甜香。

▶ 燕麦烧酒

以中国台湾大武山水脉富含矿物质的纯净水源酿出的澄澈透明的酒液。经高温蒸馏香气浓郁，风味成熟圆润，无糖分，口感清澈。

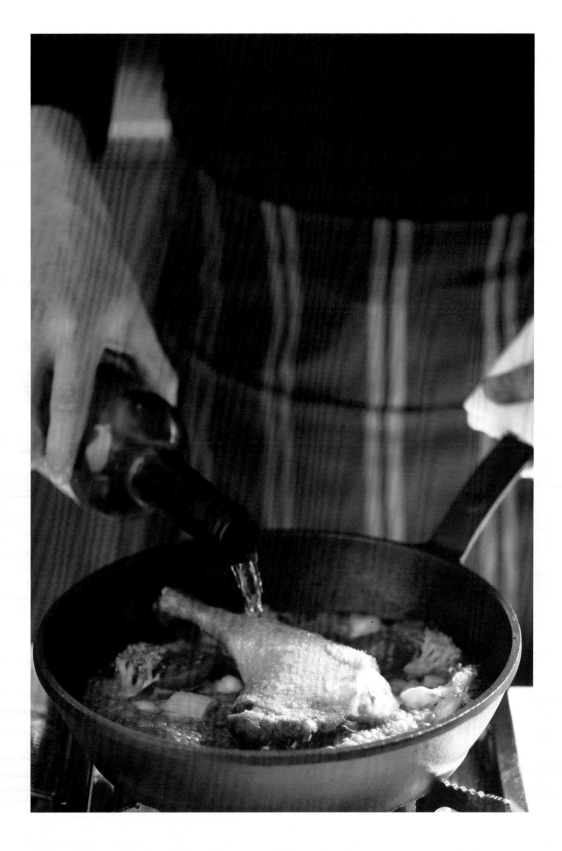

关键锅具
善用铸铁平底锅与深锅，肉类料理好上手

▶ 平底铸铁锅

因为铸铁材质无冷热点，所以加热后能让锅内食材与锅具的接触面都维持相同温度。当食材放入后，快速以高温将表面熟成，锁住肉汁，保住食物外脆内嫩的口感。从快炒到煎牛排都可轻松驾驭，是肉类料理的好帮手。

▶ 深型铸铁锅

深锅多了锅盖，能让水蒸气不断循环，不只稳定锅内温度，还能防止食物表面干燥，锁住食物原汁原味。适合各式烹饪技法，尤其在焖、炖及烤的表现上更佳，如三杯鸡、炖肉、烤蔬菜等料理，一锅可抵多锅。

▶ 裸制铸铁锅的好处

均匀受热、高续热性，稳定升温，让食材各部位稳定受热，呈现最佳风味，不会发生外熟内生的惨剧。无论是IH炉（感应电子炉）、燃气灶、电磁炉还是烤箱都能稳定使用。

[简易开锅]

❶ 在锅中加水煮滚后倒掉，再将空锅加热至表面水分蒸发。

❷ 以植物油均匀涂抹表面，静置冷却即完成开锅。

以植物油开锅，会在表面形成保护膜，可以防粘。每次使用之后，只要用温水与棕榈刷刷去脏污，剩下的油脂会强化锅具的不粘效能，时间越长效果越好。

料理小教室

掌握烹调要点，没有不好吃的肉与部位

▶ 欧洲人敢吃生牛肉，而中国人只吃煮熟的牛肉？

牛肉生吃是需要条件的，不是所有牛肉都能生吃，也不是所有人都能吃生牛肉。一定要在确定牛肉安全无污染，尽量选择冷藏肉而不是冷冻肉，并了解自己是否适合吃之后，再尝试。

本书的意式生牛肉会撒上迷迭香、盐、黑胡椒粉等香料调味，而这个过程，就相当于腌制过程，具有一定的消毒作用，再通过高温煎烤锁住肉汁，希望中国的读者们，也可以尝尝除了熟牛肉之外，不一样的牛肉风味。

▶ 中餐与西餐料理肉的烹调手法有什么不同？

不管中餐料理还是西餐料理，文化虽大不相同，但追求的都是色、香、味、形，讲求的都是一种意境。饮食的目的除了充饥，还有带来精神上的愉悦，甚至让烹饪反映文化。中餐料理关于烹饪常用焖、烧、汆、蒸、炸、爆、炒等技法，而西餐料理则着重食材本身的风味，技法多用煎、烤、炖、油封等。

▶ 如何提升肉的风味？

在烹调肉时，不论以哪种方式添加，香料和盐都是调味中的主要成分，用来增加风味。每一种文化都有自己喜爱的调味品，

例如，中餐用大蒜、生姜、葱加上料酒、酱油、香油增加香味；在西餐里则是用柠檬、胡椒、番茄、香草增添风味。能熟练掌握各种香料的搭配与运用，就能掌握提升肉类风味的基础知识。

▶ 中餐酱汁和西餐酱汁的味道差异是什么？

西餐酱汁调味简单，以奶油、橄榄油、番茄为主的烹调方式居多。

中餐酱汁常以腌制品与酱油、醋、香油入菜。这次书中精选了几道料理，像是私房卤肉饭、鹅蛋酥炒米粉、三杯猪肝等，都是我钟爱的，也邀请大家一起通过味蕾回味美好的老味道。

▶ 手工丸子怎么做才会好吃有弹性？

手工丸子吃的不是非必要的化学添加物，而是食物本身的味道。如果家里有料理机，就能直接把肉块打碎，能省去很多时间，也能做出更细致的肉丸子。

制作上以使用没有冷冻过的肉为佳，如果可以，尽量用新鲜的"温体肉"制作，利用肉本身纤维的弹性所做出来的才是真正好吃的手工丸子。

"盐"是肉好吃的重要因素，而脂肪乳化则与"温度"有关，一般绞肉的最高乳化温度不可超过15℃，所以过程中一定要注意别搅拌过久而使温度上升。

▶ 高汤怎么煮才够味?

高汤是很多料理的基底,汤好料理就不会差到哪里去。任何料理需要的水分,

都可以通过高汤来弥补,也能使味道更有层次。中式与西式料理都会熬高汤,但基本的理念是煮汤时绝不能大滚,要用小火在"蟹泡"的状态之下炖煮、捞渣。建议选用导热均匀的锅具,如铸铁锅,就是一种非常适合的锅具,加上新鲜食材本身的味道,便能熬出温和、味足的高汤。

▶ 在家如何煎出美味肉排?

一般来说使用冷藏肉一定是比使用冷冻肉来得鲜美,煎肉排前有个很重要的步骤,就是不要从冰箱里拿出来就直接入锅煎,而是要先让肉在室温下回温10~20分钟,使肉质变松软,再撒上海盐、胡椒粉调味。调味时不建议使用精盐,碘味过重会压住肉味。

接下来注意烹调,刚煎好的肉排,由于内外温度不同,这时若马上用刀切开,肉汁精华就会直接流失。所以煎好的肉排,需要一点时间静置,这个步骤会让肉汁再次被吸回肉里,之后切开的肉面则会呈现均匀的粉红色,且味美汁多。

▶ 如何辨别肉的成熟度?

只要动动手指便能简单判断一般肉类在烹调上的成熟度。

❶一成熟

手掌张开,轻压大拇指下方的肌肉,硬度相当于一般肉类一成熟的状态。

❷三成熟

以食指碰大拇指,轻压大拇指下方的肌肉,硬度相当于三成熟的状态。

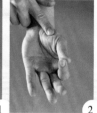

❸五成熟

以中指碰大拇指,轻压大拇指下方的肌肉,硬度相当于五成熟的状态。

❹七成熟

以无名指碰大拇指,轻压大拇指下方的肌肉,硬度相当于七成熟的状态。

❺全熟

以小拇指碰大拇指,轻压大拇指下方的肌肉,硬度相当于全熟的状态。

料理笔记

CHAPTER 2

主厨特选料理

食谱使用方法

① 这一道艳红亮丽的巴斯克风味炖鸡，
是巴斯克地区的美食，料理的核心是柿子椒、红甜椒和黄甜椒。
甜椒有种独特的呛味，来自于一种名为"松烯"的物质，
这种物质遇热会分解，炒过之后呛味减少，甜味更显著。
再加上番茄与鲜嫩肥美的鸡腿，点缀红甜椒粉，是一道绝佳的
下饭好菜。

食材分量
2
人份

烹调时间
30
分钟

①
料理前的导语，令
人跃跃欲试。

②
每道料理食材表中
做出来的分量。

③
制作此道料理的"烹
调时间"，不包括准
备时间。

② ③

④

巴斯克风味炖鸡

CHAPTER 2 ‖‖‖ 主厨特选料理

食材

带骨鸡腿	4个	红甜椒	半个	白酒	100毫升
盐	适量	黄甜椒	半个	罐头番茄	350克
白胡椒粉	适量	葡萄子油	20毫升	初榨橄榄油	30毫升
洋葱	半个	红甜椒粉	1大匙	欧芹碎	适量
柿子椒	半个	辣椒粉	1大匙		

做法

1
将带骨鸡腿以刀划开数刀，以盐、白胡椒粉腌制备用。

2
把洋葱、柿子椒、红甜椒和黄甜椒切丝备用。

3
热锅，以葡萄子油将鸡腿煎至两面上色，再加入蔬菜丝。

4
撒上红甜椒粉与辣椒粉，淋白酒煮至酒精挥发。

5
倒入罐头番茄，煮滚后转小火加锅盖煮约15分钟。

6
最后盛盘放上初榨橄榄油与欧芹碎即可。

Tips

如果买得到西班牙烟熏红甜椒粉，可以尝试加入看看，它不仅有辣椒本身的辛香辣味，还散发出浓烈迷人的烟熏气息，风味独特！是我爱不释手的香料之一。

121

⑤

④
正确的分量是料理成功的基础。

⑤
跟着图示，对照操作重点是否正确。

⑥
步骤解说，更容易掌握操作重点。

⑦
料理的关键点与贴心提示。

食谱使用单位
1大匙 = 15毫升
1小匙 = 5毫升
1杯 = 180毫升

⑥ ⑦

PART 1

猪 肉

猪身上的软嫩部位——腰内肉，每只猪只有两块，是老饕的最爱。
将它用帕玛火腿包好，除了可以当酥脆的外衣，也能带来咸香烟熏的层次感。
再与加州梅搭配，淋上黑色浓郁的意大利醋膏，
果香四溢，酸甜细致，充分满足挑剔的味蕾。

食材分量
2
人份

烹调时间
15
分钟

葡萄酒醋膏梅子猪里脊卷

食材

腰内肉	300克
盐	适量
黑胡椒粉	适量
抱子甘蓝	3个
玉米笋	4根
胡萝卜	40克
加州梅	30克
橄榄油	20毫升
帕玛火腿	6片
葵花子油	20毫升
白酒	60毫升
意大利醋膏	适量
红脉酸模叶	3片
棉绳	1根

做法

1

先将腰内肉去除筋膜，再撒上盐与黑胡椒粉调味。再将抱子甘蓝、玉米笋、胡萝卜汆烫备用。

2

加州梅切碎混入少许橄榄油。以帕玛火腿铺底，放上腰内肉、加州梅碎卷起。

3

接下来以棉绳将腰内肉绑起固定；胡萝卜切圆片备用。

4

热锅，倒入葵花子油，将腰内肉以中小火煎至两面上色。

5

淋上白酒，盖上锅盖，小火焖煮约5分钟，取出放凉切块。

6

最后将备好的蔬菜和肉卷一起盛盘，淋一点橄榄油，再点缀意大利醋膏与红脉酸模叶即可。

Tips

- 绑线时留约1个手指头宽的松紧程度即可。
- 肉放凉再切，可以让肉的纤维吸饱肉汁。

黑醋酱里脊肉块

里脊肉	200克
黑豆酱油	2大匙
五香粉	1小匙
燕麦烧酒	30毫升
红薯淀粉	适量
茄子	半根
南瓜	30克
莲藕	30克
洋葱	20克
糯米椒	4个
玉米笋	3根
葵花子油	适量

＊黑醋酱

葡萄子油	40毫升
蒜泥	1大匙
苹果泥	1大匙
白糖	20克
乌醋	50毫升
醋膏	20毫升

做法

1

先将里脊肉切块，用黑豆酱油与五香粉、燕麦烧酒腌制，再裹上红薯淀粉备用。

2

将茄子与南瓜切滚刀块、莲藕切片、洋葱切块、糯米椒切段备用。

3

起一油锅，用170℃葵花子油炸肉块约2分钟。再将所有蔬菜过油约1分钟取出。

4

用葡萄子油炒香蒜泥，再加入苹果泥、白糖与乌醋拌炒。

5

加入肉块与蔬菜，淋上醋膏拌匀，煮至收汁即可盛盘。

Tips

材料中的茄子与莲藕，用刀切开之后容易氧化变色，准备一盆醋水，切好后泡入可以防止变黑。

乌醋香味浓、味道多元，常用于需要提味、增加香气的料理。
如果以食材领域来分，肉类料理加入乌醋，会使香味浓郁而不腻。
而这道食谱将乌醋与醋膏结合使用，呈现酸中带甘的滋味，
裹着炸得金黄酥脆的猪肉块与蔬菜，是一道适合夏天的料理。

食材分量	烹调时间
2	5
人份	分钟

食材分量
2
人份

烹调时间
5
分钟

||||

传统的客家菜中有许多将红糟酱入菜的料理。
里面的红曲菌会产生帮助消化的酶，而鲜红的色泽令人食欲大增，
再加上其味甘、性温、健脾益气，更适合每个人品尝。

红糟酱烧肉豆腐

食材

					* **客家红糟酱**	
猪梅花肉	200克	日本豆腐	1盒		葱白	1段
黑豆酱油	1大匙	葵花子油	适量		葡萄子油	20毫升
客家红糟酱	适量	客家金橘酱	适量		白糖	20克
燕麦烧酒	15毫升				红糟	40克
红薯淀粉	适量				腌梅	4颗
葱绿	1段					

做法

1

分别将葱白与葱绿切小段；日本豆腐切块备用。

2

起油锅，将葱白用葡萄子油炒香，再加入白糖、红糟与腌梅拌炒，制成客家红糟酱。

3

将猪梅花肉切块，用黑豆酱油与客家红糟酱、燕麦烧酒腌制，并裹上红薯淀粉备用。

4

锅中倒入葵花子油加热至170℃，放入肉块炸约2分钟取出，另外开大火，将日本豆腐炸至金黄即可。

5

锅中加入客家红糟酱，再倒入80毫升水煮至收汁后，加入肉块拌匀至吸附酱汁即可起锅。

6

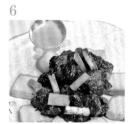

最后盛盘，以日本豆腐围边，中间放上烧肉，葱绿与客家金橘酱即可。

Tips

腌梅尽量不要用蜜饯的乌梅，味道过重。

汉堡排可以说是西式饮食中的经典，
除了使用猪肉馅外，更加入熟悉的香肠肉增加味道。
其中烹饪的关键是铁锅温度切记不可过低，
必须用高温将汉堡排表面煎成漂亮的褐色，把肉汁牢牢锁在内部；
如果喜欢稀一点的奶油酱汁，可多加一点牛奶调整稠度。

食材分量	烹调时间
2 人份	10 分钟

北海道奶油香肠风汉堡排

食材

剥皮辣椒	2个	鳀鱼酱	1小匙	葡萄子油	20毫升
香肠	1根	泥煤威士忌	30毫升	牛奶	300毫升
猪肉馅	300克	芥花油	40毫升	白酱料理块	10克
海盐	3克	洋葱丝	20克	粉红胡椒粒	适量
黑胡椒粉	1克	蘑菇片	30克		

做法

1

先将剥皮辣椒切碎、香肠去除肠衣后切碎，与猪肉馅混合成汉堡肉。

2

把汉堡肉与海盐、黑胡椒粉、鳀鱼酱、泥煤威士忌混合搅匀备用。

3

接下来将其分成2等份，以手掌反复拍打成椭圆形汉堡排坯备用。

4

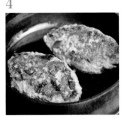

热锅，以芥花油煎汉堡排坯，每面煎约1分30秒，上色后盖上锅盖离火闷约3分钟。

5

放入洋葱丝、蘑菇片用葡萄子油炒香，然后加入牛奶煮滚后关火，加进白酱料理块拌融。

6

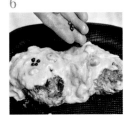

最后将汉堡排盛盘，淋上酱汁，装饰粉红胡椒粒即可。

Tips

- 做好的椭圆形汉堡排坯，在要煎时可以整形压平，受热较均匀。
- 煮酱汁时注意不要开大火，避免烧焦，中小火加热即可。

红枣糖醋酱小排

食材

猪排骨	200克	红薯	30克	红枣	11个
黑豆酱油	2大匙	葵花子油	适量	白糖	10克
五香粉	1小匙			海山酱	20克
燕麦烧酒	30毫升	*红枣糖醋酱		罐头番茄	50克
红薯淀粉	适量	葡萄子油	40毫升	谷物醋	20毫升
芋头	30克	洋葱碎	20克		

做法

1

将猪排骨用黑豆酱油与五香粉、燕麦烧酒腌制，裹红薯淀粉备用。

2

使用挖球器将芋头与红薯挖成球状。

3

起油锅，以170℃葵花子油炸猪排骨2分钟；再将红薯球与芋头球过油2分钟取出备用。

4

用葡萄子油炒香洋葱碎，再加入红枣、撒上白糖，加入海山酱拌炒。

5

倒入罐头番茄，煮滚后淋谷物醋并加入猪排骨与红薯球、芋头球，煮至收汁即可。

Tips

● 如果家中有小孩或长辈，也可以把猪排骨改成猪里脊，这样没有骨头的问题，也可再加些菠萝块增加甜味。

● 罐头番茄为市售的去皮切丁番茄碎，如不想用罐头，也可买生番茄，去皮后切碎使用。

红枣补血养颜，入菜能去除肉腥味，增添芬芳的果香味，
还能为家常的糖醋排骨添加讨喜红艳的色彩。
裹着红枣汁的排骨，肉质细嫩易入味。
建议选用去核、果肉饱满的干红枣，枣味浓郁，是属于甜口的料理。

食材分量
2
人份

烹调时间
10
分钟

啤酒面糊炸猪排

食材

里脊肉片	200克	葵花子油	适量	**＊啤酒面糊**	
盐	适量	红甜椒粉	适量（装饰用）	啤酒	150毫升
白胡椒粉	适量	鼠尾草	4片（装饰用）	低筋面粉	100克
洋葱	半个			鸡蛋黄	1个
低筋面粉	适量			冰块	4块
面包粉	适量			鼠尾草碎	1克
				玉米淀粉	10克

做法

1

先将里脊肉片用刀背敲打到肉质松软，再加盐与白胡椒粉调味备用。

2

将洋葱切圈备用；制作啤酒面糊，将所有啤酒面糊食材混合搅拌至无颗粒状态即可。

3

接下来分别将里脊肉片与洋葱圈依次裹上低筋面粉、啤酒面糊、面包粉备用。

4

起油锅，以180℃葵花子油炸里脊肉片3分钟、炸洋葱圈约2分钟即可取出盛盘，最后撒上红甜椒粉、鼠尾草装饰。

Tips

啤酒面糊拌至黏稠无颗粒状态即可。使用啤酒面糊油炸，面衣比较蓬松，加入冰块可以增加脆度；拌好的面糊在冰箱中冷藏可放1天。

中国人很喜欢吃炸物，试试看在面糊中加入少许啤酒，
让啤酒的气泡使面糊膨发，以增加酥脆感。
若想让食物不含油，切记锅内油量一定要足够，并盖过食材，
这样不能让食材油炸时均匀受热，也比较不容易粘锅。
当然，剩下的啤酒，就是这道料理最好的餐酒。

食材分量
2
人份

烹调时间
5
分钟

食材分量	烹调时间
2	**15**
人份	分钟

||||

将猪肋排用番茄炖煮入味，能软化肉质，
再撒上奶酪丝，一遇热便如熔岩般紧紧贴附在肋排上，一口咬下，奶香浓郁。
酸豆有解腻的效果，再搭配醋膏与迷迭香，
让这道料理层次丰富，并充满着意大利风味。

意式熔岩猪肋排

食材

猪肋排	3根	鳀鱼酱	1小匙	欧芹碎	1克
盐	适量	酸豆	1大匙	白酒	30毫升
黑胡椒粉	适量	罐头番茄	350克	白糖	5克
迷迭香碎	适量	双色奶酪丝	30克	橄榄油	20毫升
洋葱	30克	芝麻叶	15克	迷迭香	1根
樱桃萝卜	1个	醋膏	适量	橄榄油	10毫升

做法

1

先在猪肋排上撒盐、黑胡椒粉、迷迭香碎。

2
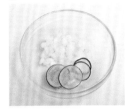
把洋葱切碎、樱桃萝卜切片备用。

3

用橄榄油将猪肋排煎至两面上色，加入洋葱碎、鳀鱼酱、酸豆以及罐头番茄。

4

淋上白酒至酒精挥发，撒白糖，盖上锅盖，再以小火焖煮10分钟。

5

接下来将猪肋排同酱汁盛盘，撒上双色奶酪丝，炙烤上色，撒上欧芹碎。

6

最后摆上芝麻叶与樱桃萝卜片，淋上醋膏与橄榄油、装饰迷迭香即可。

Tips

如果家中没有炙烤用的喷枪，可以改用烤箱以200℃烤约5分钟至双色奶酪丝上色即可。

沙茶芝麻酱战斧猪排
佐波夏大麦牛蒡泥

将猪排用盐与黑胡椒粉腌渍入味，
无论火烤、油煎，优雅或豪迈，都能品尝到那迷人的风味。
酱汁中加入熟悉的沙茶酱、厚实的黑芝麻酱以及白酱料理块，
搭配以艾雷岛泥煤威士忌熬煮而成的牛蒡泥，滋味浓而不腻，恰到好处。

食材分量
2
人份

烹调时间
20
分钟

食材

		***波夏大麦牛蒡泥**		***沙茶芝麻酱**	
战斧猪排	200克	红葱头	4个	沙茶酱	10克
盐	适量	牛蒡	1根	黑芝麻酱	15克
黑胡椒粉	适量	鲜奶油	100毫升	白酱料理块	10克
橄榄油	20毫升	白酱料理块	10克	牛奶	150毫升
葵花子油	适量	盐	适量		
芝麻叶	1克（装饰用）	泥煤威士忌	40毫升		
红脉酸模叶	1克（装饰用）				

做法

1

先将战斧猪排撒上盐与黑胡椒粉、淋上橄榄油备用。

2

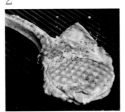

将战斧猪排入锅干煎至两面上色，再进烤箱以200℃烤约5分钟即可。

3

将牛蒡去皮后，以削皮刀削少许牛蒡长片，剩下的切成丁。

4

把牛蒡长片以葵花子油炸酥即可。

5

将红葱头切碎，以葵花子油炒香，加入牛蒡丁，倒入200毫升水煮滚，再加鲜奶油、白酱料理块煮约5分钟，加盐、泥煤威士忌倒入料理机打成泥。

6

起锅将牛奶煮滚，加入沙茶酱、黑芝麻酱、白酱料理块搅拌均匀至没有颗粒的状态备用。

7

最后在盘中摆上战斧猪排与牛蒡泥，装饰芝麻叶、红脉酸模叶、炸牛蒡片，再淋上酱汁即可。

Tips

- 牛蒡削皮处理时，如果不马上煮，可泡醋水防变色。
- 若想增加牛蒡泥的浓稠度，可以再加一个量的土豆泥。

食材分量
2
人份

烹调时间
1/30
小时/分钟

加入啤酒细火慢炖之后，将猪脚的天然胶质煮出来；
而一起加入炖煮的黑豆（又称树豆），更增添不少风味。
经典的酱汁，一定少不了莎莎酱！
番茄加上辣椒及洋葱，佐上醋的酸，
一片玉米片、一口黑豆猪脚，选一个周末好好享受吧！

黑豆猪脚佐玉米片莎莎盅

食材

猪脚	350克	墨西哥塔可粉	适量（装饰用）	谷物醋	40毫升
洋葱	1个	香菜叶	适量（装饰用）	香菜叶	适量
胡萝卜	半根			盐	适量
黑豆	1杯（泡水一晚）	✱**莎莎酱**		黑胡椒粉	适量
啤酒	330毫升	剥皮辣椒	4个	鳀鱼酱	1大匙
香叶	1片	罐头番茄	100克	白糖	1大匙
香味焙煎雪片	120克	圣女果	8个	橄榄油	10毫升
玉米片	70克	洋葱	半个		

做法

1
将猪脚氽烫洗净，洋葱、胡萝卜切块，和黑豆一起入锅，再加入啤酒、香叶煮滚。

2
接下来倒入700毫升水炖煮约1小时30分钟，再加入香味焙煎雪片。

3
将莎莎酱中需要切的食材切碎，与调味料在盆中拌匀即可。

4
分别将玉米片与莎莎酱盛盘，最后摆上黑豆猪脚，撒上些许墨西哥塔可粉与香菜叶即可。

Tips

● 多的猪肉可以切碎，再拌些莎莎酱、奶酪丝，一同卷入墨西哥卷饼，放入烤箱烤上色或铁锅煎上色，一道轻食料理简单上桌。

● 香味焙煎雪片可增添料理风味，可依个人喜好添加或省略。

三杯鸡是知名料理，但中国人把三杯料理发扬光大，衍生出各式各样的食谱。
"三杯"代表一种特定的烹饪调味技巧，
传统是一杯香油、一杯米酒、一杯酱油。
这道料理则将鸡肉改为猪肝，用牛奶去腥后加入香油，
不但酱烧香气扑鼻，又富含铁质营养，美味得不得了。

食材分量
2
人份

烹调时间
10
分钟

三杯猪肝

食材

猪肝	300克	白胡椒粉	适量	香油	30毫升
牛奶	100毫升	黑蒜	4瓣（装饰用）	白糖	20克
红薯淀粉	适量			黑豆酱油	2大匙
葱	2根	✱三杯酱汁		燕麦烧酒	60毫升
红辣椒	10克（装饰用）	姜	30克	甘甜油膏	40毫升
葵花子油	适量	大蒜	8瓣		
罗勒叶	1克（装饰用）	米糠油	20毫升		

做法

1

猪肝切块洗净，用牛奶浸泡10分钟。

2

沥干后，裹上红薯淀粉备用。

3

将葱切段；红辣椒切小段、泡水；姜切片；大蒜去蒂、头备用。

4

起油锅，以170℃葵花子油炸酥罗勒叶和黑蒜，再炸猪肝约3分钟，取出撒上白胡椒粉备用。

5

用米糠油爆香姜片，再倒入香油、白糖、大蒜，淋上黑豆酱油炝锅，倒入燕麦烧酒煮至酒精挥发，再加甘甜油膏煮至略稠，即完成三杯酱汁。

6

最后加入猪肝块收汁盛盘，点缀装饰食材即可。

Tips

肉类或内脏类，都可以通过泡牛奶来分解肉的纤维，让肉吃起来更软。

食材分量	烹调时间
1	30
人份	分钟

这是一道传承妈妈味道的料理！

因为香油不耐高温，热锅大火爆炒反而会变质带出苦味，记得以中小火烹调为佳。

加入了米糠油提供天然的糙米精华，让汤品不至于燥热，油也不易返苦；

再将传统鸡肉改用猪舌，富含维生素A、铁、硒等营养元素，有滋阴润燥的功效；

而炖煮时，加入龙眼干所带来的甘甜，更是这道汤品的灵魂。

麻油猪舌杏鲍菇煲

食材

猪舌	1条	佛手瓜苗	30克	龙眼干	30克
姜	50克	米糠油	40毫升	枸杞子	适量（装饰用）
杏鲍菇	1个	香油（麻油）	60毫升		
紫山药	40克（装饰用）	米酒	适量		

做法

1

先将猪舌清洗干净，切除多余的血管与筋膜，氽烫后将舌苔刮干净备用。

2

姜、杏鲍菇切片；紫山药以模型压花；佛手瓜苗切段备用。

3

接下来用米糠油爆香姜片，再倒入香油，放入杏鲍菇片。

4

加入米酒与猪舌煮至酒精挥发，再加入500毫升水、龙眼干、枸杞子煮滚，炖煮约30分钟。

5

佛手瓜苗与紫山药片氽烫后备用；烹调时间到后取出猪舌并切片。

6

盛盘依次摆上猪舌片、杏鲍菇片、枸杞子、紫山药片与佛手瓜苗即可。

Tips

- 如果嫌处理猪舌麻烦，可以换猪腰子或松阪猪，也是相当美味。
- 姜片一定要煸干，香气才会出来。

油而不腻的卤肉、鲜甜浓郁的黑豆酱油卤汁，
搭配香味四溢的米饭，就是台湾最具特色的老味道卤肉饭。
我的私房食谱则利用虱目鱼皮取代传统猪皮，增加胶质，
再将海胆放上卤肉饭，
每一口都融合了海陆的鲜味，也让熟悉的味道有了更多惊喜。

食材分量
4
人份

烹调时间
40
分钟

私房卤肉饭

食材

猪五花肉	1000克	五香粉	20克	油葱酥	50克
虱目鱼皮	300克	白胡椒粉	5克	米饭	1碗
葡萄子油	40毫升	鲲鱼酱	2大匙	海苔碎	适量（装饰用）
黑糖	30克	燕麦烧酒	50毫升	海胆	4个（装饰用）
大料	1颗	黑豆酱油	250毫升		

做法

1

先将猪五花肉切成条状、虱目鱼皮切成块状备用。

2

热锅，倒入葡萄子油，炒香肉条，撒上黑糖与大料、五香粉、白胡椒粉、鲲鱼酱至上色。

3

接下来淋上燕麦烧酒至酒精挥发，倒入黑豆酱油炝锅。

4

倒入700毫升水，与虱目鱼皮、油葱酥煮滚后，以小火炖煮30分钟。

5

最后米饭铺在碗中，淋上适量卤汁与肉条，装饰海苔碎、海胆即可。

Tips

如果买不到新鲜海胆，也可用乌鱼子切片或磨成粉搭配这道卤肉饭，也是海味的来源之一。

食材分量
1
人份

烹调时间
15
分钟

中国人爱吃猪肉的程度举世皆知，特别是"松阪猪"这个部位，
一只猪身上只有六两（300克），更是高级餐厅的常见食材。
这道料理结合意大利面，并搭配香椿酱作为酱汁，
煎好的松阪猪油脂丰富，带有独特的微脆口感，
一次就可以品尝到猪肉原本的口感和甜味，让人回味不已！

松阪猪香椿酱笔管面

食材

松阪猪	1块	菠菜叶	50克	墨西哥塔可粉	适量（装饰）
盐	适量	帕玛火腿	2片		
黑胡椒粉	适量	香椿酱	40克	**＊煮面盐水比例**	
葵花子油	30毫升	白酱料理块	10克	面100克、水1000毫升、盐10克	
笔管面	160克	牛奶	40毫升		
洋葱	20克				

做法

1

松阪猪撒上盐与黑胡椒粉，用葵花子油煎至两面上色取出备用。

2

笔管面入盐水锅煮8分钟取出备用；洋葱切丝、菠菜叶切片、帕玛火腿切丝。

3

利用锅中剩余油依次下帕玛火腿丝、洋葱丝、菠菜片，炒软后倒入200毫升水煮滚。

4

加入笔管面、白酱料理块、牛奶、香椿酱，煮约2分钟起锅。

5

最后将面盛盘，松阪猪切片摆上，撒上墨西哥塔可粉即可。

Tips

若有多的松阪猪，可以加柠檬汁与墨西哥塔可粉腌制，放入烤箱以200℃烤约8分钟，又可以端出一道散发柠檬香气的烤猪肉料理。

食材分量
1
人份

烹调时间
10
分钟

蛋奶面是意大利面中最常见的口味，而且制作方法也非常简单，
用非常适合奶油酱汁的笔管面，用中式的咸猪肉代替培根，
让浓郁的奶香与黑胡椒香炖入笔管面，真的香味四溢。
可以的话，尽量使用现磨黑胡椒粉，那香气会让你满足一整天。

咸猪肉蛋奶笔管面

食材

笔管面	160克	白酱料理块	10克	粉红胡椒粒	1克
青蒜	50克	鲜奶油	50毫升		
洋葱	20克	现磨黑胡椒粉	1克	**＊煮面盐水比例**	
咸猪肉	60克	帕米吉亚诺干酪	10克	面100克、水1000毫升、盐10克	
纯橄榄油	20毫升	鸡蛋黄	1个		

做法

1

将笔管面以盐水锅煮约8分钟后取出备用；青蒜、洋葱切丝；咸猪肉切片备用。

2

起热锅，以纯橄榄油炒香咸猪肉片，依次下洋葱丝与青蒜丝，倒入200毫升水煮滚。

3

接下来加入笔管面与白酱料理块搅匀。

4

再加入鲜奶油收汁，撒上些许现磨黑胡椒粉、帕米吉亚诺干酪拌匀盛盘。

5

最后放上鸡蛋黄，装饰粉红胡椒粒即可。

Tips

若有空闲时间，可以自己做咸猪肉，将海盐炒热后加些黑胡椒粉、五香粉、大蒜碎、迷迭香碎拌匀，放凉后均匀抹到五花肉上，以保鲜膜包好，冷藏一个晚上即可。

意大利茄汁肉丸是意大利肉丸的经典吃法。

你也许记得，迪士尼卡通《小姐与流浪汉》（*Lady and the Tramp*）里，

男女主角一起吃一盘茄汁肉丸面的画面。

美味的肉丸要抓住两大元素——加了燕麦及牛奶的柔软多汁，

与番茄充分炖煮后，酸甜入味，让人留恋不已。

食材分量	烹调时间
1	**15**
人份	分钟

茄汁燕麦肉丸意大利面

食材

意大利直面	160克	盐	适量	圣女果	4个（装饰用）
蘑菇	6个	黑胡椒粉	适量	罗勒叶	适量（装饰用）
洋葱	40克	鳀鱼酱	1大匙	橄榄油	10毫升
猪肉馅	200克	葵花子油	30毫升		
牛奶	50毫升	罐头番茄	250克	**＊煮面盐水比例**	
燕麦	40克			面100克、水1000毫升、盐10克	

做法

1

意大利直面入盐水锅煮约12分钟后取出备用；将蘑菇对半切开；洋葱切碎，入锅炒香至软，冷却后备用。

2

混合洋葱碎、猪肉馅、牛奶、燕麦、盐与黑胡椒粉，拌匀并捏成适当大小的丸形。

3

将肉丸以葵花子油煎上色，加入蘑菇、鳀鱼酱、罐头番茄与200毫升水，煮约5分钟。

4

最后将面捞起盛盘，将圣女果切片放在面上，淋上橄榄油，摆放茄汁肉丸，再点缀罗勒叶即可。

Tips

若有多的圣女果，可以切对半，放一些橄榄油、百里香、盐与黑胡椒粉，放入烤箱以大约90℃低温烘干成干，可以当沙拉佐料，或加入番茄酱汁，让滋味更浓郁。

PART
2

牛 肉

生牛肉源自意大利西北的皮埃蒙特区，
是指切成片的生牛肉当开胃菜。
由于肉是生的，所以要选用最好的牛肉，
才能品尝到优质牛肉的绝佳风味。

食材分量
2
人份

烹调时间
10
分钟

意式生牛肉

食材

菲力牛肉	400克	红脉酸模叶	5克	**＊腌肉调味料**		
葵花子油	30毫升	金莲花	适量	黑胡椒粉	2大匙
初榨橄榄油	10毫升	粉红胡椒粒	适量	迷迭香碎	10克
蘑菇	2个	蛋黄酱	适量	海盐	10克
意大利醋膏	适量				

做法

1

先处理菲力牛肉，将多余的筋与皮以刀切除，备用。

2

将菲力牛肉以腌肉调味料抹均匀。

3

起锅加入葵花子油，将牛肉煎至上色。

4

取出后放凉，淋上初榨橄榄油，静置约5分钟。

5

将牛肉切片；另外将蘑菇切片。接着盛盘，以意大利醋膏淋在底部，放上牛肉片、装饰蘑菇片、红脉酸模叶、金莲花，再点缀粉红胡椒粒、蛋黄酱即可。

Tips

● 做法4牛肉淋上初榨橄榄油，除了增添果香，也有保湿作用。
● 不敢吃生蘑菇片的读者，可将蘑菇片先放进烤箱烘烤，这也是一种增加香气的方式。

嫩肩牛肉凉拌米粉

食材

米粉	160克
嫩肩牛肉片	120克
金橘	1个
小黄瓜	半根
海山酱	适量
油葱酥	1大匙
香菜叶	适量
金莲花	适量
干辣椒丝	适量

*酸辣酱

乌醋	3大匙
花生粉	1大匙
海米碎	1大匙
金橘汁	10毫升
淡口酱油	20毫升
辣油	30毫升
香菜	10克
白糖	10克

做法

1 将所有酸辣酱食材放入碗中搅拌均匀。

2 接下来将米粉和嫩肩牛肉片以70℃左右热水汆烫约2分钟取出。

3 再将汆烫好的牛肉片和米粉以酸辣酱调味。

4 金橘切片；小黄瓜削成薄片备用。

5 卷起米粉盛盘，铺上嫩肩牛肉片，再以海山酱、金橘片、小黄瓜片、油葱酥、香菜叶、金莲花、干辣椒丝装饰即可。

Tips

● 煮米粉时记得切勿大火，避免失去口感。
● 如果你喜欢这个酸辣酱配方，可以再加点芝麻酱，简单拌面或凉拌皮蛋豆腐都是不一样的风味和新的凉拌料理。

这是一道凉爽、快速开胃的餐点，适合大暑炙热的天气。

爱吃酸的我，特地调配了酸辣的酱汁，

配上烫好的牛肉片与米粉，味道清爽不油腻。

喜爱吃辣的人，辣油可以多加一些，会更开胃。

食材分量	烹调时间
1	5
人份	分钟

法式土豆泥焗牛肋条

食材

牛肋条	400克
盐	适量
黑胡椒粉	适量
洋葱	半个
胡萝卜	半根
西芹	1根
葵花子油	40毫升
香叶	1片
鳀鱼酱	1小匙
白兰地	30毫升
罐头番茄	100克
香味焙煎雪片	80克
欧芹碎	少许

＊土豆泥

土豆	3个
橄榄油	30毫升
豆蔻粉	1克
盐	适量
黑胡椒粉	适量
鲜奶油	70毫升

做法

1

将土豆去皮切块入锅，冷水煮沸煮约10分钟，取出后沥干、捣成泥，加入橄榄油、豆蔻粉、盐、黑胡椒粉和鲜奶油拌匀备用。

2

牛肋条切块、撒上盐与黑胡椒粉；洋葱、胡萝卜、西芹切成块备用。

3

牛肋条入锅以葵花子油煎上色，加入洋葱块、胡萝卜块、西芹块、香叶拌炒，再加入鳀鱼酱，淋上白兰地。

4

最后加入罐头番茄与1000毫升水煮滚，盖上锅盖炖煮约1小时，时间到后加入香味焙煎雪片拌匀。

5

将炖好的牛肉盛盘，挤上土豆泥，再放入烤箱烤至上色，或以喷枪炙烤后撒上欧芹碎即可。

Tips

● 剩下的炖肉，可以切碎与奶酪片一起包入吐司片成为一道三明治料理。

● 香味焙煎雪片也可以用红酒酱代替。

食材分量
4
人份

烹调时间
1/10
小时/分钟

这道料理的传统做法，是使用土豆泥和牛肉馅，但我改用炖牛肋条，
它是在肩腹肉后方的位置，属于霜降肌肉组织，
味道浓郁、有嚼劲，肉质较韧，
长时间炖卤仍能保持其弹性，做起来简单又美味。
盛盘上桌，配上一杯人头马VSOP（高级）白兰地，就是完美。

食材分量
2
人份

烹调时间
10
分钟

‖‖‖‖

每年我都喜欢到冲绳旅行，并品尝"塔可饭"，它的发源地就在冲绳，
是以前美军驻冲绳时引进再加以改良的墨西哥料理，算是当地的灵魂美食。
吃法简单，主要食材有牛肉馅、香米饭、奶酪丝和生菜丝，
食谱中添加了爪哇咖喱块与蔬菜一起调味，
也加入了圣女果，不仅味美，还能增添果香。

咖喱牛肉塔可饭

食材

香米	2杯	圣女果	3个	爪哇咖喱块	23克
柠檬叶	1片	牛肉馅	200克	墨西哥塔可粉	适量
生菜	50克	葡萄子油	30毫升	奶酪丝	40克
洋葱	100克	盐	适量		
胡萝卜	50克	黑胡椒粉	适量		

做法

1

先将香米与2杯水和柠檬叶一起放入饭锅煮熟备用。接下来将生菜切丝；洋葱、胡萝卜切丁；圣女果切片备用。

2

起一热锅，将牛肉馅以葡萄子油炒香，撒上些许盐与黑胡椒粉，炒至上色；加入洋葱丁与胡萝卜丁，炒软后加180毫升水。

3

煮滚后加入爪哇咖喱块，以小火煮5分钟。

4

最后摆盘，以香米饭铺底并淋上爪哇牛肉酱，撒上墨西哥塔可粉、奶酪丝与生菜丝、圣女果片即可。

Tips

咖喱被誉为"奇迹香料"，其中的姜黄素具有抗炎和抗氧化的作用，咖喱不仅可以被人的肠胃快速吸收掉，还可以促进肠胃消化。

记得以前当兵时，总能吃到包满牛肉的饺子。
这道食谱中，肉馅里加了西班牙著名的伊比利猪腊肠，
增添了烟熏咸香，以及少许鳀鱼酱带来的鲜味；
泥煤威士忌则带出牛肉粗犷的肉味。
一口大小的饺子，用铁锅煎出香脆的面衣，
硬中带酥，是一道很有个性的料理。

食材分量
1
人份

烹调时间
10
分钟

牛肉煎饺

食材

＊煎饺

糯米椒	80克
伊比利猪腊肠片	5片
芥花油	40毫升
鳀鱼酱	1小匙
牛肉馅	300克

海盐	3克
黑胡椒粉	少许
泥煤威士忌	40毫升
水饺皮	数张
水饺蘸酱	适量

＊煎饺面糊水比例
玉米淀粉20克、水 200克

做法

1
先将糯米椒切段；伊比利猪腊肠片切丝；以芥花油与鳀鱼酱拌炒至软，放凉备用。

2
把做法1拌入牛肉馅，撒上海盐与黑胡椒粉、加入泥煤威士忌拌匀。

3
取水饺皮包入约1汤匙量的肉馅。

4
接下来把饺子封口捏紧包好，其他水饺也一一包好备用，另外将煎饺面糊搅拌均匀。

5
起一热锅，倒入芥花油，放入饺子，再倒入面糊至饺子的一半位置左右，盖上锅盖煎5分钟。

6
最后倒扣在盘中取出，食用时蘸水饺蘸酱即可。

Tips
如果想吃清淡一点，也可煮成水饺，水滚后煮约5分钟浮起即可捞出，再试着淋上橄榄油、刨点奶酪，就是一道风味水饺。

牛舌黑米炖饭

食材

牛舌	1条
洋葱	60克
香叶	1片
纯橄榄油	40毫升
黑米	2杯
白酱料理块	40克
盐	适量
黑胡椒粉	适量
牛奶	50毫升
芝麻叶	5克
樱桃萝卜	1个
	（切片）

＊炖牛舌

柳橙	1个
黑胡椒粒	1小匙
洋葱	半个
胡萝卜	半根
香叶	1片
大蒜	4瓣

＊青酱

罗勒叶	50克
大蒜	3瓣
杏仁片	20克
核桃仁	30克
初榨橄榄油	200毫升
奶酪粉	30克
盐	适量
黑胡椒粉	适量

做法

1

将牛舌舌苔与皮以刀切除、汆烫。再将牛舌和炖牛舌的所有食材入锅中炖煮1小时30分钟。

2

牛舌取出放凉后切片；剩下的高汤过滤备用。

3

将青酱的食材放入料理机打成泥备用。

4

接下来制作炖饭。洋葱切碎和香叶以纯橄榄油爆香，加入黑米，倒入高汤至盖过米即可，途中不时加入剩下的高汤，炖煮约18分钟。

5

煮好后取出香叶，加入白酱料理块与牛奶，并以适量的盐与黑胡椒粉调味即可关火。略搅拌几下后盛盘。

6

最后在炖饭上放牛舌片，装饰芝麻叶、樱桃萝卜片，淋上青酱即可。

Tips

- 炖牛舌一次可以多做点、分装好，放入冰箱冷冻保存。
- 如果买不到黑米，也可用香米取代。

在繁忙的时候，炖饭是个不错的选择。
自制青酱与高汤的香气，融入粒粒黑米中；
西西里式的炖牛舌，手切的美味，
让舌根舌尖一次满足。

食材分量
2
人份

烹调时间
1/50
小时/分钟

食材分量
2
人份

烹调时间
15
分钟

黑蒜风味独特，为单纯的菜肴大大加分！
黑蒜是用新鲜生蒜带皮发酵1~2周后的食品，
不但能保留大蒜原有成分，而且无一般生蒜的辛味，味道甘甜如梅，
搭配茉莉牌墨鱼意大利面，也不怕吃得满嘴黑，营养满分！
加上老饕爱好的肋眼牛排，怕蒜味的读者可以试试。

肋眼牛排佐黑蒜酱墨鱼面

食材

肋眼牛排	300克	香味焙煎雪片	20克	
墨鱼意大利面	100克	鲜奶油	20毫升	
洋葱	20克	盐	适量	
蟹味菇	50克	黑胡椒粉	适量	
纯橄榄油	适量			
黑蒜	5瓣			

＊装饰用

黑蒜	4瓣
红脉酸模叶	4片
帕米吉亚诺干酪	10克

＊煮面盐水比例

面100克、水1000毫升、盐10克

做法

1

肋眼牛排先于室温解冻；将墨鱼意大利面以盐水锅煮约6分钟后取出备用。

2

洋葱切碎；蟹味菇切除底部蒂头，以剪刀取下菇头另外氽烫备用，把剩下的菇切碎。

3

接下来以纯橄榄油炒洋葱碎、黑蒜，倒入蟹味菇炒至上色，倒入250毫升水。

4

煮滚后加入墨鱼意大利面与香味焙煎雪片、鲜奶油，拌炒收汁后卷起盛盘。

5

将肋眼牛排撒盐与黑胡椒粉，热锅以纯橄榄油煎焖，一面约煎30秒，两面上色后离火盖锅盖闷1分钟，取出静置3分钟再切块。

6

最后放上肋眼牛排，点缀黑蒜与红脉酸模叶，墨鱼意大利面上装饰帕米吉亚诺干酪与蟹味菇头即可。

Tips

如果想增加香气，可在煎牛排时加入奶油，与纯橄榄油一起混合，也不容易煎焦；煎的时候，不时浇淋锅中的油，可煎出一块香气四溢的牛排。

令人欲罢不能的老味道。
传统饭团是使用容易胀气的糯米烹煮，我改以黑米取代，香软弹牙，
在煮饭时加入油葱酥，可以简单地增加香味，
再通过不同的配料搭上炙烤后的牛肉片，
让平凡朴实的饭团，每一口都有不同的享受。

食材分量
2
人份

烹调时间
10
分钟

炙烧牛肉油葱饭团

食材

		＊装饰用			
黑米	2杯	洋葱碎	5克	蛋黄酱	适量
香油	30毫升	葱花	5克	海山酱	适量
油葱酥	20克	金橘	1个（切片）	鱼子酱	1小匙
安格斯牛肩肉	120克（6片）	炸洋葱丝	5克		
香菇素蚝油	适量				

做法

1

先将黑米与2杯水、香油、油葱酥一同放入饭锅煮熟。煮好的黑米饭趁热以手捏成6个饭团备用。

2

接下来在饭团上依次放上安格斯牛肩肉，刷上香菇素蚝油，以喷枪炙烤。若没有喷枪，也可放进烤箱以200℃烤2分钟，再取出盛盘。

3

依次在不同的牛肉片上放上洋葱碎、葱花、金橘片、炸洋葱丝、蛋黄酱、海山酱以及鱼子酱即可。

Tips

如果想吃全熟肉片的话也可将炙烤改成氽烫方式，牛肉片的部位可改成牛五花肉片，油脂丰富却少了油腻感。

这道食谱采用著名的蜜饯"金枣"，
让你一口咬下牛肉饼时，能同时品尝到肉汁与金枣蜜饯的美味。
糖渍的皮带些甜味，果肉带点酸，嘴里更满溢柑橘的香气，
那种独特的水果香味，是小朋友也能喜欢的味道。

食材分量
2
人份

烹调时间
10
分钟

炸牛肉金枣饼

食材

洋葱	50克	海盐	3克	面包粉	适量
鳀鱼酱	1小匙	黑胡椒粉	1克	纯橄榄油	30毫升
金枣	30克	低筋面粉	适量	葵花子油	适量
牛肉馅	300克	鸡蛋液	1大匙	海山酱	适量

做法

1

先将洋葱切碎，以纯橄榄油和鳀鱼酱拌炒至软，放凉备用。

2

把金枣切碎，和洋葱碎一起拌入牛肉馅，撒上海盐与黑胡椒粉拌匀。

3

将拌好的肉馅分成6份，以手拍打定型。

4

接下来依序将肉饼裹上低筋面粉、鸡蛋液、面包粉后备用。

5

将葵花子油加热至170℃后，放入肉饼炸约3分钟取出，食用时搭配海山酱。

Tips

如何确认肉饼是否已经炸熟，可以看到肉饼在油锅内油泡变少，表示水分蒸发，肉已熟成。

食材分量	烹调时间
1	5
人份	分钟

这道料理是我在日本新宿旅行时吃到的日式炸牛排，滋味令人难以忘怀。

日本常是在石板上炙烤牛排，

西餐的方式则是在烹调前调味，让肉的味道不流失。

将牛排依食谱的时间炸好，配上炸土豆球，

淋上意大利醋膏，增添炸牛排的香气，就是简单又可口的美味。

风味炸牛排

食材

翼板牛肉	130克
盐	适量
黑胡椒粉	适量
樱桃萝卜	1个
圣女果	3个
土豆	6个
低筋面粉	适量
鸡蛋液	1大匙
面包粉	适量
葵花子油	适量
生菜	20克
意大利醋膏	1大匙
迷你酸黄瓜	2根

做法

1

烹调前可先将翼板牛肉放至室温中5分钟，撒上盐与黑胡椒粉备用。

2

樱桃萝卜、圣女果切片；土豆以挖球器挖好备用。

3

将翼板牛肉依次裹上低筋面粉、鸡蛋液、面包粉，压实备用。

4

葵花子油入锅，将油温加热至180℃，先炸土豆球约3分钟，时间到后取出，然后将翼板牛肉入锅炸1分钟30秒。

5

之后取出，放置2分钟后再切片盛盘，并放上生菜、意大利醋膏、迷你酸黄瓜和做法2的蔬果即可。

Tips
● 记得裹面包粉后需压实，替牛肉包上面衣，让肉汁不流失。
● 偏好全熟牛肉的人，可换成炸到全熟也美味的美国无骨牛小排，切成骰子形，一样的炸法，另一种美味。

食材分量
2
人份

烹调时间
2/30
小时/分钟

‖‖‖

牛颊肉的肉质爽滑细致，遍布透明的筋络，有丰富的胶原蛋白，
因此肉质很有弹性，比牛腱软嫩许多，没有粗硬的纤维，很适合炖煮。
这道料理用西餐常用的红葡萄酒炖煮，增加雅致的迷人香味，
再加入法国人头马白兰地，其独有的杏桃味及葡萄香，
结合炖肉的甘美、红肉的粗犷，让料理的味道变得更丰富有层次。

酒炖牛颊肉

食材

牛颊肉	500克	红脉酸模叶	5克	香叶	1片
香味焙煎雪片	60克			黑胡椒粉	1大匙
奶油块	15克	**＊炖牛颊肉**			
白兰地	30毫升	红葡萄酒	150毫升	**＊土豆泥**	
土豆	300克	洋葱	半个	全脂牛奶	75毫升
粉红胡椒粒	适量	西芹	30克	法国发酵奶油	100克
芝麻叶	5克	胡萝卜	60克	盐	适量

做法

1

切除牛颊肉多余的筋与皮，氽烫备用。

2

将炖牛颊肉的蔬菜料切块，和牛颊肉、香叶、黑胡椒粉与1000毫升水、红葡萄酒入锅炖煮2小时。

3

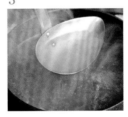

取出牛颊肉备用，过滤高汤后重新加热至滚，煮至高汤剩一半即可关火。

4

接下来加入香味焙煎雪片搅拌至浓稠状，再加入牛颊肉、奶油块与白兰地备用。

5

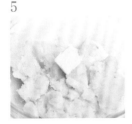

将土豆去皮切块蒸熟，过筛压成泥。将全脂牛奶煮滚加土豆泥和盐拌匀，再分次拌入法国发酵奶油即可完成土豆泥。

6

在盘中摆上土豆泥与牛颊肉，以芝麻叶、红脉酸模叶、粉红胡椒粒装饰，再淋上肉汁即可。

Tips

牛颊肉也可用牛肋条或牛腱取代，怕酒味的读者，可以改用多加迷迭香、百里香等香草与少许红酒醋。

藏红花牛肉米型面

食材

无骨牛小排肉片	100克	欧芹碎	1克	白酱料理块	15克
藏红花	1克	米型面	120克	米糠油	20毫升
白酒	50毫升	鸡高汤	500毫升	炸洋葱丝	5克
红葱头	20克	海盐	适量	帕米吉亚诺干酪	15克

做法

1

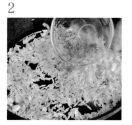

先将藏红花用白酒浸泡备用；红葱头切碎备用。

2

以米糠油炒香红葱头碎后，加入米型面，倒入藏红花白酒煮至酒精挥发。

3

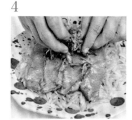

将热的鸡高汤分次加入锅中煮至汤浓稠、米型面熟透，关火并以海盐调味，再加入白酱料理块拌匀盛盘。

4

最后依次放上无骨牛小排肉片，撒上些许海盐，以喷枪炙烤，再放上炸洋葱丝、帕米吉亚诺干酪以及欧芹碎即可。

> **Tips**
>
> 藏红花具有甜美的花香与麝香味，若使用过量，味道会转为苦涩。若买不到或预算有限，可使用姜黄来代替，同时为料理上色。

食材分量
1
人份

烹调时间
10
分钟

这道料理选用意大利米型面取代传统炖饭，相对而言就没有过多淀粉感。

文艺复兴时代，水乡威尼斯曾是采购藏红花的重镇，它的价值在当时昂贵如黄金。

曾有一说是公元1574年，一位在米兰大教堂工作的仆人与主人吵架，

就故意在料理中加了藏红花，使熟悉的白色炖饭变成了黄色，想借此破坏主人的婚礼，

但却因此让世人品味到藏红花高雅芬芳的色泽与香气。

凉拌剥皮辣椒牛腱贝壳面

夏天最需要一道能快速上桌的美味。
这道料理将剥皮辣椒和牛腱搭配，结合意大利贝壳面，
让香气厚重的鳀鱼酱与艾雷岛的泥煤威士忌交错，
用大蒜、香菜点缀出酱汁的美味。
凉拌菜就是这么简单易上手！多的牛腱肉也可搭配酱汁做成一道小菜。

食材分量
2
人份

烹调时间
1
小时

食材

贝壳面	160克					
牛腱	1条					
纯橄榄油	50毫升					
剥皮辣椒	4个					
洋葱丝	30克					
干辣椒丝	适量（装饰用）					
金莲花	适量（装饰用）					
大蒜	2瓣（切片装饰用）					

＊凉拌酱

意大利醋膏	3大匙
香菜碎	5克
鳀鱼酱	1小匙
白糖	5克
辣油	10毫升
酸豆	1大匙
柠檬汁	10毫升
泥煤威士忌	30毫升

＊炖牛腱

柳橙	1个
黑胡椒粒	1大匙
洋葱	半个
胡萝卜	半根
香叶	1片
大蒜	4瓣

＊煮面盐水比例

面100克、水1000毫升、盐10克

做法

1

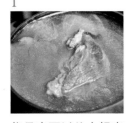

将贝壳面以盐水锅煮约10分钟后取出备用；牛腱汆烫去血水，和炖牛腱的食材入锅炖煮1小时。

2

大蒜切片，以纯橄榄油在锅中炸酥后，取出蒜片，并将蒜油过滤备用。

3

接下来以蒜油爆香酸豆、鳀鱼酱，关火，利用锅中余温加入其他凉拌酱食材调味。

4

牛腱取出切片、剥皮辣椒切片，和洋葱丝、贝壳面以凉拌酱拌匀，盛盘放上装饰食材即可。

Tips

如果有多出来的牛腱，可以切些小黄瓜与洋葱丝，再淋点辣油搭配一些绿橄榄，就变成一道开胃前菜。

这道料理来自我在罗马街边吃到的好味道——炖牛肚。
做法很简单，将牛肚与蔬菜、罐头番茄、鹰嘴豆一起炖透即可，
番茄果香扑鼻，浓郁的滋味里交融了豆香与肉香，
炖牛肚又不失弹牙口感，咀嚼中还能感受蔬菜的清甜。

食材分量
2
人份

烹调时间
1/35
小时/分钟

鹰嘴豆牛肚番茄笔管面

食材

笔管面	160克
蟹味菇	40克
谷物醋	2大匙（汆烫用）
牛肚	500克
纯橄榄油	20毫升
芝麻叶	5克

＊鹰嘴豆番茄酱汁

鹰嘴豆	80克
罐头番茄	500克
洋葱	半个（切丝）
胡萝卜	半根（切块）
香叶	1片

黑胡椒粉	1大匙
百里香	1大匙
白酒	100毫升

＊煮面盐水比例
面100克、水1000毫升、盐10克

做法

1

鹰嘴豆提前一晚泡水冷藏备用。

2

将笔管面以盐水锅煮约8分钟后取出备用；蟹味菇切除底部蒂头、手撕成长条备用。

3

起一水锅，加入谷物醋搅匀，将牛肚汆烫后取出。将鹰嘴豆番茄酱汁所有食材和牛肚入锅，加350毫升水炖煮约1小时30分钟。

4

时间到后，取出不用的蔬菜料与香叶；将牛肚切片备用。

5

起一热锅，加入纯橄榄油，炒香蟹味菇，加入酱汁、牛肚片与笔管面煮约2分钟盛盘、以芝麻叶装饰即可。

Tips
鹰嘴豆原产亚洲西部及近东地区，是地球上已知最早的农作物之一，已经有数千年的食用历史了，它富含植物蛋白，是营养价值相当高的豆类植物。

雪浓牛骨牛奶锅

食材

牛骨	1根	帕米吉亚诺干酪	10克	胡萝卜	半根
蘑菇	5个（切片）	粉红胡椒粒	1克	香叶	1片
海芦笋	30克			黑胡椒粉	2大匙
牛奶	100毫升	**＊牛骨高汤**		白酒	100毫升
白酱料理块	40克	谷物醋	2大匙	西芹	1根（切段）
嫩肩牛肉片	100克	洋葱	1个（切片）		

做法

1

起一水锅，加入谷物醋汆烫牛骨，水滚后取出牛骨。另起一锅，将牛骨和高汤食材入锅炖煮约2小时。

2

时间到后，取出牛骨骨髓备用、高汤过滤煮滚，加入蘑菇片与海芦笋。

3

最后加入牛骨髓、牛奶与白酱料理块搅匀后关火。上桌前放入牛骨与嫩肩牛肉片、帕米吉亚诺干酪与粉红胡椒粒，煮滚即可。

> **Tips**
>
> 这道料理也可搭配法国面包片享用，面包片浸泡在汤中吸收了浓郁的味道，这是我最爱的吃法，推荐给大家。

每当冬季天冷时，我总会煮雪浓牛骨牛奶锅，
汤头就像白雪一样，充满季节感。
从牛骨中熬煮出的丰富的胶原蛋白，可以在冷天中迅速补充元气，
再搭配滑嫩的牛肉片与浓郁的干酪，暖身又暖心。

食材分量
1
人份

烹调时间
2/30
小时/分钟

CHAPTER 2

主厨特选料理

PART

3

鸡 肉

食材分量
1
人份

烹调时间
10
分钟

南美洲烤肉的灵魂——阿根廷青酱，适合搭配各种肉类料理。
有谷物醋与柠檬汁的酸爽，配上大蒜和洋葱的辛香，香菜的气味清爽不腻，
加上芥花油的香润，再淋于鸡颈肉上，使肉质富有弹性，十分美味！
有空试试看这个不常吃的部位吧！

炙烤鸡颈肉佐阿根廷青酱

食材

鸡颈	200克
盐	适量
黑胡椒粉	适量
樱桃萝卜	2个
葵花子油	20毫升

＊阿根廷青酱

洋葱	50克
香菜	50克
欧芹碎	5克
谷物醋	60毫升
柠檬汁	20毫升
芥花油	200毫升
盐	适量
黑胡椒粉	适量
大蒜	5瓣
剥皮辣椒	4个

做法

1

以刀沿着鸡颈的骨头取肉。

2
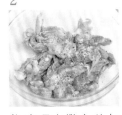
将鸡颈肉撒上盐与黑胡椒粉；樱桃萝卜切片。

3

以葵花子油热锅，将鸡颈肉煎至两面上色、熟透。

4
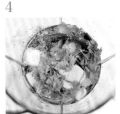
将所有阿根廷青酱食材入料理机打成泥。

5

鸡颈肉盛盘，装饰樱桃萝卜片，点缀酱汁即可。

Tips

如果觉得取鸡颈肉麻烦，也可以使用长竹签穿过鸡颈入油锅炸熟，这是另一种小吃感十足的料理。

橙汁和鸡翅很适合一起搭配，做出来的料理肉质嫩滑，
而酱汁中的柑橘香，除了来自新鲜柳橙汁，
还有加了法国君度橙酒与芳香典雅的藏红花煨煮出的阵阵橙香。
读者也可以单纯把橙香酱运用于各式烤肉中，
会改变你对一般传统酱汁的印象。

食材分量	烹调时间
2 人份	20 分钟

橙香鸡翅

食材

二节翅	6个	白胡椒粉	适量	**＊橙香酱**		烤肉酱	225克
芥花油	10毫升	柳橙干	6片	柳橙汁	100毫升	乌醋	30毫升
盐	适量			藏红花	1克	法国君度橙酒	40毫升

做法

1

将柳橙汁煮滚，加入藏红花、烤肉酱与法国君度橙酒再次煮滚，最后加入乌醋拌匀即成橙香酱。

2

热锅，以芥花油将二节翅煎至两面上色，以盐、白胡椒粉调味。

3

在锅中加入适量橙香酱，与二节翅一起煨煮约5分钟。

4

取出二节翅盛盘，点缀柳橙干即可。

Tips
剩下的橙香酱可以用在任何烤肉酱汁中，也可以当腌酱，肉腌好后直接煎。

酥炸奶酪鸡翅根

食材

鸡翅根	6个
牛奶	50毫升
墨西哥塔可粉	适量
盐	适量
白胡椒粉	适量
三色甜椒	各半个
红薯	15克
芋头	15克
玉米笋	3根
低筋面粉	适量
面包粉	适量
葵花子油	适量
罗勒叶	4片
剥皮辣椒	1个

＊啤酒面糊

莫雷蒂啤酒	150毫升
低筋面粉	100克
鸡蛋黄	1个
冰块	4块
玉米淀粉	10克

做法

1 先将鸡翅根加入牛奶撒上墨西哥塔可粉、盐与白胡椒粉，冷藏腌制一个晚上备用。

2 将三色甜椒切成圆片状；红薯与芋头以挖球器挖成球状备用；再将啤酒面糊所有食材拌匀至无颗粒状态。

3 接下来将鸡翅根依次裹上低筋面粉、啤酒面糊、面包粉备用。

4 起油锅，倒入葵花子油加热至170℃，将鸡翅根炸约6分钟，起锅前将罗勒叶炸酥一同取出。

5 另外将配菜炸约3分钟取出，甜椒比较快熟，炸1分钟即可取出备用。

6 将鸡翅根与配菜撒上些许墨西哥塔可粉、盐与白胡椒粉，装饰罗勒叶与剥皮辣椒即可。

Tips

腌好的鸡翅根可以用叉子或刀子稍微插入骨头处，增加炸时的热传导，较容易熟透。

酥炸奶酥鸡翅根是最受欢迎的美食之一，外酥里嫩又多汁，
是小孩的最爱，大人也无法抗拒。
腌肉时，加牛奶可以让鸡肉纤维软化，又能除去一部分腥味，
还让鸡肉闻起来有淡淡的奶香。
炸时记得一定要加罗勒叶，香气最对味。

鸡肉菠菜卷佐波夏大麦奶油酱汁

食材

鸡胸肉	200克	抱子甘蓝	4个	**＊波夏大麦奶油酱汁**		盐	适量
盐	适量	菠菜	40克	洋葱碎	40克	白酱料理块	20克
白胡椒粉	适量	莲藕	适量	大蒜	6瓣（切片）	泥煤威士忌	40毫升
初榨橄榄油	10毫升	葵花子油	适量	牛奶	350毫升		
帕玛火腿	2片			鳀鱼酱	1大匙		

做法

1

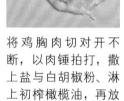

将鸡胸肉切对开不断，以肉锤拍打，撒上盐与白胡椒粉、淋上初榨橄榄油，再放上帕玛火腿。

2

起水锅将抱子甘蓝与菠菜汆烫取出，菠菜泡冰水沥干水分后再切碎。

3

把菠菜放在鸡胸肉中间后卷起，以保鲜膜卷紧定型，再入蒸锅蒸约18分钟。

4

将洋葱碎、蒜片、牛奶、鳀鱼酱入锅，以小火煮约5分钟，加盐、白酱料理块和泥煤威士忌拌匀，再放入料理机打成泥。

5

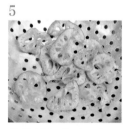

将莲藕切薄片；起一油锅，以160℃葵花子油炸约30秒取出。

6

将蒸好的肉卷取出拆掉保鲜膜，切块盛盘。放上抱子甘蓝、莲藕片，再淋上酱汁即可。

Tips

菠菜尽量挑选叶菜的部分，避开纤维较粗的梗，才不会影响口感。

菠菜叶质地细嫩，切碎后再料理，能产生更滑嫩细致的口感；
烫好的菠菜泡冰水除能降温保色之外，
还可降低菠菜明显的青菜味，再包入鸡肉卷，口感丰富细腻。
以保鲜膜包起鸡肉时，要紧实密封，形状才好看，
肉卷则以清蒸的方式，搭配威士忌奶酱，清爽不腻口。

食材分量
1
人份

烹调时间
30
分钟

食材分量
2
人份

烹调时间
15
分钟

||||

春卷又称"润饼"，唐朝即有立春日吃春卷的习俗，
杜甫诗句"春日春盘细生菜"，就是说的春卷。
这道炸春卷用水莲菜当内馅，
还有熟悉的酱瓜和鸡肉，搭配小孩、大人都喜欢的咖喱酱，
结合木瓜入酱汁，健脾胃、助消化。

114

水莲脆瓜鸡肉卷佐木瓜咖喱酱

食材

春卷皮	6张
面糊	适量
葵花子油	适量
水莲菜	6根（装饰用）
木瓜片	50克（装饰用）
小黄瓜片	适量（装饰用）

＊面糊比例

水：低筋面粉 ＝ 1：1

＊春卷内馅

水莲菜	40克
鸡胸肉	200克
酱瓜	30克
白胡椒粉	适量

鸡蛋清	30毫升

＊木瓜咖喱酱

洋葱碎	20克
木瓜块	100克
橄榄油	1大匙
爪哇咖喱块	20克
龙眼蜂蜜	1大匙

做法

1

先起水锅将40克水莲菜汆烫、切碎备用；将鸡胸肉剁成肉末状。

2

酱瓜切丁和水莲菜碎、肉末、白胡椒粉与鸡蛋清混合均匀，肉馅即完成。

3

肉馅放入春卷皮包好，封口处抹上些许面糊即可。

4

起油锅以150℃葵花子油炸春卷3分钟，再加热油温至180℃将春卷炸至金黄即可。

5

将洋葱碎、木瓜块以橄榄油炒香，加150毫升水煮滚关火，加入爪哇咖喱块拌化后重新加热，淋上龙眼蜂蜜，再以料理机打成酱汁备用。

6

最后以水莲菜将炸好的春卷绑好，摆上木瓜片与小黄瓜片，附上酱汁即可。

Tips

买回来的春卷皮，每张用保鲜膜隔开防粘，再放入保鲜盒或密封袋，可以保存3天。

私房咸水鸡盘

咸水鸡是经典的台湾夜市小吃之一，因为在盐水中煮熟而得名，
不论是当点心、下酒菜还是消夜，都非常适合。
只要提前一天腌好鸡肉，再以焖煮的方式烹调，就能做出美味的咸水鸡；
煮过鸡肉的水，就是现成的高汤，用于汆烫配菜是最好的调味，
食谱多加了意大利人爱的鳀鱼酱，其咸香的滋味让小吃多了点层次。

食材分量
1
人份

烹调时间
20
分钟

食材

去骨鸡腿肉	2片
姜	20克
洋葱	20克
葱	1根
大蒜	2瓣
白胡椒粒	1克
海盐	5克
猪血糕	50克
西蓝花	30克
四季豆	20克
胡萝卜	30克
玉米笋	2根
鳀鱼酱	1小匙
白胡椒粉	1克
初榨橄榄油	20毫升

✳ 咸水鸡腌料

大料	1颗
花椒粉	1大匙
白胡椒粉	5克
海盐	3克
燕麦烧酒	30毫升
香菜梗	1根
初榨橄榄油	10毫升

做法

1
把鸡腿肉与腌料混匀，冷藏一个晚上；姜切片、洋葱切丝、葱切段；大蒜捣泥。

2
起水锅，加入姜片、洋葱丝、葱段、白胡椒粒以及海盐。

3
锅中微滚时加入鸡腿肉，盖锅盖以小火煮5分钟，再关火闷10分钟。

4
鸡腿肉取出泡冰盐水，锅内鸡汤过滤之后备用。

5
将西蓝花切小朵、四季豆、胡萝卜与猪血糕切丁。所有蔬菜汆烫约1分30秒，泡冰水后取出沥干。

6
鸡腿肉切两个正方块，剩下切丁备用。

7
最后取一碗量的鸡汤，混入蒜泥、鳀鱼酱、白胡椒粉、初榨橄榄油，将鸡肉与蔬菜料拌匀盛盘即可。

Tips
咸水鸡腌料里面的香料，可以先用干锅小火炒香之后再腌，能增加原本调味料的香度。

有时间试试这道以长时间低温油封的法式传统料理吧！
以时间淬炼的食材的原始风味，使鸡腿排的肉质香软可口。
至于做好油封鸡后，那一锅的橄榄油该怎么办？
倒掉吗？不是！丢弃它简直是暴殄天物！
剩下的油可以随时拿来炒或煎烤时使用，用来拌沙拉也是不错的选择。

食材分量
1
人份

烹调时间
1
小时

油封鸡腿排

食材

去骨鸡腿肉	2片	**✳香料盐**	
纯橄榄油	适量	柳橙皮	适量
大蒜	1头	海盐	30克
百里香	5克	迷迭香	适量
香叶	1片	蒜泥	5克
白兰地	30毫升	肉桂粉	1克

做法

1
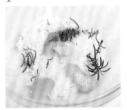
制作香料盐，将柳橙皮与海盐、迷迭香、蒜泥、肉桂粉混合均匀。

2
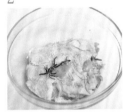
去骨鸡腿肉抹上香料盐，放入冰箱冷藏腌1天。

3

将整个大蒜拦腰切开放入锅中，加入纯橄榄油、百里香、香叶，以小火加热至75℃。

4

放入去骨鸡腿肉，以微火油封约50分钟。

5

最后将去骨鸡腿肉取出，淋少许纯橄榄油煎香，再加白兰地煮至酒精挥发，盛盘附上油封蒜头即可。

Tips

如果油封时蒜头已上色，可先取出；油封鸡腿一次可多做，再放入密封袋在冰箱冷冻中保存。

119

这一道艳红亮丽的巴斯克风味炖鸡，
是巴斯克地区的美食，料理的核心是柿子椒、红甜椒和黄甜椒。
甜椒有种独特的呛味，来自于一种名为"松烯"的物质，
这种物质遇热会分解，炒过之后呛味减少，甜味更显著。
再加上番茄与鲜嫩肥美的鸡腿，点缀红甜椒粉，是一道绝佳的
下饭好菜。

食材分量
2
人份

烹调时间
30
分钟

巴斯克风味炖鸡

食材

带骨鸡腿	4个	红甜椒	半个	白酒	100毫升
盐	适量	黄甜椒	半个	罐头番茄	350克
白胡椒粉	适量	葡萄子油	20毫升	初榨橄榄油	30毫升
洋葱	半个	红甜椒粉	1大匙	欧芹碎	适量
柿子椒	半个	辣椒粉	1大匙		

做法

1

将带骨鸡腿以刀划开数刀，以盐、白胡椒粉腌制备用。

2

把洋葱、柿子椒、红甜椒和黄甜椒切丝备用。

3

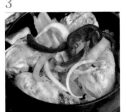

热锅，以葡萄子油将鸡腿煎至两面上色，再加入蔬菜丝。

4

撒上红甜椒粉与辣椒粉，淋白酒煮至酒精挥发。

5

倒入罐头番茄，煮滚后转小火加锅盖煮约15分钟。

6

最后盛盘放上初榨橄榄油与欧芹碎即可。

Tips

如果买得到西班牙烟熏红甜椒粉，可以尝试加入看看，它不仅有辣椒本身的辛香辣味，还散发出浓烈迷人的烟熏气息，风味独特！是我爱不释手的香料之一。

老一辈的人都知道"破布子"是可解毒的好食材，
它是树的种子，采收时是要将大树干锯下来，再慢慢剪下处理。
当然你可以在一般超市买到制好的破布子酱
处理过的破布子味甘鲜美，有健脾开胃之效，
配上天然发酵的酸白菜，是一道酸甘美味的鸡心料理。

食材分量
2
人份

烹调时间
10
分钟

酸熘白菜破布子鸡心

食材

鸡心	80克
酸白菜	100克
姜	40克
葡萄子油	40毫升
破布子	2大匙
淡口酱油	20毫升

做法

1

把鸡心一切四瓣不切断，清水洗净去除血块，氽烫备用。

2

将酸白菜、姜切成丝备用。

3
以葡萄子油炒香姜丝，加入破布子。

4

加入酸白菜丝与鸡心拌炒。

5

最后加入淡口酱油收汁起锅盛盘即可。

Tips

- 食用时，如果有孩童要小心破布子有果核，避免噎到。
- 喜欢味道再酸点儿的读者，可以连同酸白菜的腌汁一起煨煮。

食材分量
2
人份

烹调时间
10
分钟

鸡肝中的维生素A含量很高，亦可补铁，
除了铁、硒之外，更含有多种微量元素。
通过西班牙式烹调，可以减少新鲜肝脏容易有的腥味；
而利用铁锅耐热的特性，加了橄榄油与大蒜微火烹煮，蒜香味十足。

西班牙风蒜头鸡肝

食材

鸡肝	100克	香肠	1根	干辣椒	2克	
牛奶	100毫升	伊比利猪腊肠片	3片	盐	1克	
大蒜	8瓣	橄榄油	250毫升	黑胡椒粉	1克	
洋葱	10克	鳀鱼酱	1大匙			

做法

1

先将鸡肝清洗干净，以牛奶浸泡冷藏一个晚上，沥干备用。

2

另外将大蒜去蒂；洋葱切末、香肠切片、伊比利猪腊肠片切丝备用。

3

热锅倒入橄榄油，加入大蒜至微冒泡后，加入洋葱末、香肠片与鳀鱼酱。

4

接下来加入鸡肝、干辣椒和腊肠丝，以微火煮约5分钟。

5

最后撒上盐与黑胡椒粉调味，盛盘即可。

Tips
可搭配法式长棍面包切片享用，蘸上剩下的橄榄油可变成一道开胃菜。

食材分量
1
人份

烹调时间
10
分钟

||||

五味酱是十分好用的一种调味酱，吃进嘴里酸甜可口，

各种滋味层次分明地在味蕾上跳动；

一般食谱里常用番茄酱，这里改用完全成熟的意大利番茄，更能凸显果香。

而配菜中的糯米椒，有辣椒的香味和营养，却没有辣椒的辣，

对于不敢吃辣又喜欢辣椒香气的人来说是很好的选择。

五味酱青龙鸡胗

食材

鸡胗	80克
五香粉	1克
燕麦烧酒	20毫升
盐	适量
白胡椒粉	适量
洋葱	40克
糯米椒	6个
葵花子油	适量
红薯淀粉	适量
初榨橄榄油	20毫升
海苔碎	适量

＊五味酱材料

罐头番茄	100克
白糖	25克
谷物醋	25毫升
香菜	1根
橄榄油	20毫升
鳀鱼酱	1小匙
蒜泥	1大匙
乌醋	10毫升
甘甜油膏	10毫升

做法

1

把鸡胗去筋膜切片不切断，清水洗净后以五香粉、燕麦烧酒、盐与白胡椒粉混匀抓腌。

2

洋葱切丝；糯米椒去蒂头备用。

3
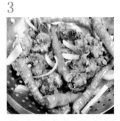
将鸡胗裹红薯淀粉下锅，以180℃葵花子油炸约2分钟，再将洋葱丝与糯米椒过油备用。

4

将所有五味酱食材入料理机打至均匀，再倒入锅中煮滚即可。

5

最后将炸好的鸡胗与洋葱丝、糯米椒拌匀盛盘，淋上初榨橄榄油放上海苔碎，点缀五味酱即可。

Tips

糯米椒也可以用柿子椒代替；鸡胗建议当天买当天吃，较新鲜、无腥味。

咸蛋黄用耐高温的葡萄子油炒出黄金般的流沙，
搭配富有口感的鸡软骨，以及有特殊香气的皮蛋，香脆弹牙，唇齿留香，
咸香诱人的滋味，让人难以抵抗！
而鸡软骨富含软骨素，对于骨骼关节的健康更有助益。

食材分量
2
人份

烹调时间
10
分钟

金沙皮蛋鸡软骨

食材

皮蛋	2个
葱	1根
鸡软骨	100克
盐	适量
白胡椒粉	适量
土豆淀粉	适量
葵花子油	适量
糯米椒	1个
红辣椒	1个
葡萄子油	30毫升
咸蛋黄	1个
燕麦烧酒	15毫升
蒜酥	15克

做法

1 先将皮蛋去壳切成四块；葱切成葱花备用。

2 将鸡软骨撒上盐与白胡椒粉，和皮蛋均匀裹上土豆淀粉。

3 热锅，以葵花子油加热至180℃，炸鸡软骨与皮蛋约2分钟，即可取出备用。

4 接下来将糯米椒和红辣椒切段，以葡萄子油炒香，再加入咸蛋黄，炒至起泡。

5 加入鸡软骨与皮蛋，淋上燕麦烧酒再撒上白胡椒粉拌匀，起锅前撒上葱花与蒜酥。

Tips

若要增加咸蛋黄香气，可在炒时加少许奶油。

意式愤怒酱鸡腿笔管面

食材

笔管面	160克
杏鲍菇	30克
洋葱	30克
茄子	50克
去骨鸡腿肉	1片
盐	适量
黑胡椒粉	适量
纯橄榄油	30毫升
干辣椒	适量
罐头番茄	200克
葵花子油	适量
红甜椒粉	1克
干辣椒丝	1克

✳煮面盐水比例
面100克、水1000毫升
盐10克

做法

1 将笔管面以盐水锅煮约8分钟后取出备用；杏鲍菇切片、洋葱切丝、茄子切滚刀块。

2 去骨鸡腿肉以盐、黑胡椒粉调味，入锅以纯橄榄油煎至两面上色，盖上锅盖，小火焖2分钟后取出切块备用。

3 接下来在煎鸡肉的锅中加入切段的干辣椒与纯橄榄油，放入洋葱丝、杏鲍菇片炒香。

4 加150毫升水煮滚后，倒入罐头番茄与笔管面，煮约2分钟，再以盐、黑胡椒粉调味。

5 另外将茄子块以180℃葵花子油炸约1分钟后取出，放入面锅中。

6 最后将笔管面盛盘，放上鸡腿肉，撒上红甜椒粉与干辣椒丝即可。

Tips
如果没有干辣椒，可以使用新鲜辣椒，只要把辣椒子去除，就能把辣度减半。

每次上菜的时候，客人经常问："愤怒酱是什么？"

我常微笑解释，其实意大利人不是很能吃辣，

所以每次吃到辣的食物就会脸红冒汗，看起来就像愤怒时气到脸红脖子粗的样子。

因为意大利民族区域性很强，

愤怒酱是罗马地区的人为了拥有专属自己的酱料而制的。

酱料本身就有一定的辣度，干辣椒在使用上香气也足，

但油炒时要注意别炒焦了，不然会产生苦味。

食材分量
1
人份

烹调时间
10
分钟

葡萄白酒酱炸半鸡

炸鸡，最重要的是需先以热油浸泡的方式让鸡肉熟透，
鸡皮变成金黄色，就是鸡肉刚好熟透的表现，
入口时鸡皮香酥且带香草香，肉质不柴，多汁又嫩，
一次享受鸡的全部美味。
使用新鲜葡萄熬煮的奶油酱汁，
品尝时能同时感受到葡萄粒的多汁与白兰地的风味，
吃腻烤鸡的你，不妨试试这道菜。

食材分量
2
人份

烹调时间
20
分钟

食材

低筋面粉	100克	盐	适量	*葡萄白酒酱	鲜奶油	200毫升
玉米淀粉	10克	红甜椒粉	适量	洋葱	20克	葡萄	30克
意大利综合香料	1克	葵花子油	适量	葡萄子油	20毫升	白酱料理块	20克
鸡	半只	百里香	1根	白酒	50毫升	白兰地	10毫升

做法

1

先将低筋面粉、玉米淀粉、意大利综合香料混匀。

2

将鸡撒上盐、红甜椒粉，再均匀裹上做法1。

3

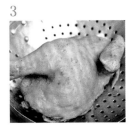

起锅将葵花子油加热至160℃，放入鸡炸约6分钟，再转大火至180℃炸约4分钟即可。

4

将洋葱切丝，以葡萄子油炒香，加入白酒至酒精挥发，倒入鲜奶油煮滚。

5

将葡萄切对半与白酱料理块加入酱汁中，煮至浓稠，关火淋上白兰地即可。

6

最后在盘中淋上酱汁，摆放炸半鸡与百里香即可。

Tips

炸鸡时，尽量让油能盖过鸡肉，如果油量不足，锅底直接接触鸡肉容易烧焦。

肉味厨房

每到寒冬，食补是非常有效的保养。

这道鸡汤的美颜效果来自紫山药、银耳、豆浆。

鸡脚、猪脚富含胶原蛋白；

而干银耳带点浅黄，一朵朵看来像盛开的花；

颜色过白的不要选购，正常的干银耳应该是偏淡黄色。

食材分量
2
人份

烹调时间
2/30
小时/分钟

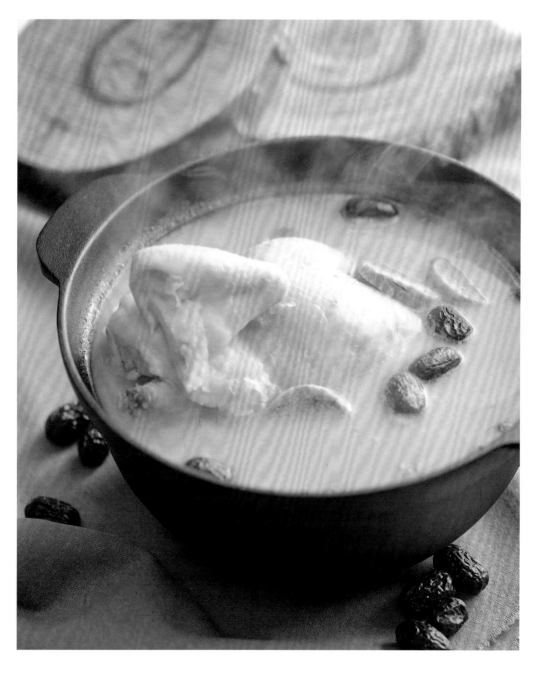

134

美颜银耳山药胶原鸡汤

食材

鸡	半只	紫山药	150克	红枣	8个
猪脚	150克	姜	15克	枸杞子	2大匙
鸡脚	4个	豆浆	400毫升		
干银耳	30克	盐	适量		

做法

1

先将鸡脚去除指甲，和鸡、猪脚一起氽烫备用；干银耳泡发后切碎；姜和紫山药切片。

2

接下来将鸡、猪脚、鸡脚、银耳碎、姜片、红枣、枸杞子放入锅中，加1500毫升水以中小火炖煮约2小时。

3

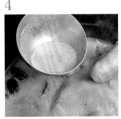

之后转中火加入豆浆与紫山药片，再次煮滚。

4

捞出多余的油与杂质，加些许盐调味，之后即可盛盘。

Tips

紫山药因富含花青素等天然色素，在抗氧化方面略胜普通山药一筹。

4

羊 肉

山羊奶酪佐羊肉面卷·黑椒木耳酱甜椒羊肉片

无花果红酒酱羔羊排

腐乳咖喱风羊肋排·苏格兰羊肉汤

山羊奶酪佐羊肉面卷，
是中式沙茶酱与意大利面料理的结合。
水管面的面体表面粗糙，能吸附酱汁，
山羊奶酪则是这道菜的灵魂，经过熟成会转换成柔软扎实的质感，
从面上刨下来的山羊奶酪，醇厚感会更明显。

山羊奶酪佐羊肉面卷

食材

大水管面	100克	沙茶酱	1大匙	薄荷叶	适量（装饰用）	
洋葱	10克	白酱料理块	20克			
薄荷叶	10克	牛奶	100毫升			
纯橄榄油	15毫升	山羊奶酪	40克（切碎）			
羊肉片	100克	山椒粉	适量			

＊煮面盐水比例
面100克、水1000毫升、盐10克

做法

1

将大水管面以盐水锅煮约10分钟后取出备用；洋葱、薄荷叶切丝备用。

2

接下来用纯橄榄油炒香洋葱丝，加入羊肉片和沙茶酱。

3

倒入200毫升水，煮滚后加入白酱料理块、大水管面和牛奶，煮约2分钟。

4

之后撒上切好的薄荷叶盛盘，撒上山羊奶酪碎与山椒粉，点缀薄荷叶即可。

> **Tips**
>
> 如果买不到日本山椒粉，喜欢麻香的读者也可以试试大红袍红甜椒粉，会多一些味蕾的刺激与香气。

黑椒木耳酱的用途其实很广，许多料理中都少不了它的影子，
最常见的是拿来当作牛排淋酱，或早餐店的铁板面酱。
这道料理利用木耳天然的胶质，代替传统用来勾芡的淀粉，味道更丰富。
制作酱汁的黑胡椒碎，以新鲜现磨的粗粒为佳。

食材分量
1
人份

烹调时间
20
分钟

黑椒木耳酱甜椒羊肉片

食材

米糠油	10毫升	粉红胡椒粒	1小匙（装饰用）	黑胡椒碎	2克
羊肉片	150克	莳萝草	1克（装饰用）	五香粉	1克
红甜椒	半个			白糖	1小匙
黄甜椒	半个	**＊黑椒木耳酱**		海山酱	2大匙
柿子椒	半个	洋葱	30克	黑豆酱油	1小匙
燕麦烧酒	30毫升	木耳	50克	香菇素蚝油	2大匙
红葱头酥	1小匙（装饰用）	鲜奶油	30毫升	油葱酥	1大匙

做法

1

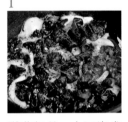

洋葱切丝、木耳泡发切碎，入锅以奶油炒香，并撒上黑胡椒碎、五香粉。

2

接着把白糖与海山酱炒到白糖颗粒融化，淋黑豆酱油与香菇素蚝油。

3

加入200毫升水和油葱酥，煮滚2分钟，用料理机打成泥，酱汁完成。

4

热锅，用米糠油将羊肉片炒上色，倒入燕麦烧酒煮至酒精挥发，再淋上适量黑椒木耳酱拌匀。

5

另外把红甜椒、黄甜椒与柿子椒切圈，以热油过油，盛盘铺底。

6

摆上羊肉片、红葱头酥与粉红胡椒粒，装饰莳萝草即可。

Tips

黑椒木耳酱可以多做些，早午餐时煎个蛋，配上面条拌炒成铁板面，也是美味的开始。

这道煎制而成的羔羊排，咖啡粉的添加让羊排味道更醇厚；
酱汁的部分以无花果干和红酒制作，
两者皆可去除羊肉的膻味，同时也提升了羊排的甜度。
羊排的成熟度可按个人喜好决定，一般来说七成熟的食用口感最佳。

142

无花果红酒酱羔羊排

食材

羔羊排	3块
盐	适量
黑胡椒粉	适量
无花果干	1个
胡萝卜	20克
土豆	20克
红薯	20克
橄榄油	10毫升
奶油块	5克
咖啡粉	适量
红酒	50毫升
香味焙煎雪片	20克
红脉酸模叶	3片

做法

1

将羔羊排撒上盐与黑胡椒粉，放在室温中回温10分钟；无花果干切片。

2

接下来将胡萝卜、土豆、红薯切成圆柱状，再汆烫3分钟。

3

热锅，以橄榄油将羔羊排与配菜煎上色后，加入奶油块、撒上咖啡粉。

4

将煎上色的羔羊排与配菜盛盘，利用煎过的锅加入无花果片、红酒煮滚。

5

最后在红酒锅中加入160毫升水与香味焙煎雪片搅匀，适量淋上羔羊排，装饰红脉酸模叶即可。

Tips

多的无花果干可以搭配帕玛火腿与莫扎瑞拉奶酪，淋些蜂蜜、橄榄油，就是一道大家都爱的前菜了。

||||

辛辣爽口、香气浓郁的爪哇咖喱块，
搭配豆腐乳，会产生特殊的风味与质感，与西方的奶酪有异曲同工之妙。
羊肉特殊的羊膻味，让不喜欢的人很害怕，
但通过豆腐乳与咖喱的熟成催化，带来的只有羊肋排的香醇美味。

腐乳咖喱风羊肋排

食材

洋葱	半个
茄子	1根
羊肋排	300克
豆腐乳	30克
黑豆酱油	30毫升
燕麦烧酒	10毫升
葵花子油	10毫升
爪哇咖喱块	20克
罗勒叶	1克
姜丝	5克

做法

1 将洋葱切丝、茄子切条；羊肋排抹上豆腐乳、黑豆酱油和燕麦烧酒。

2 接下来将羊肋排以葵花子油煎香，放入洋葱丝一同拌炒。

3 把250毫升水与爪哇咖喱块倒入煮滚，盖锅盖以小火焖煮10分钟。

4 等的时间将茄子条与罗勒叶、姜丝以180℃葵花子油炸上色；茄子入锅略拌一下盛盘。

5 最后以罗勒叶、姜丝装饰即可。

Tips

如果家里没有豆腐乳，也可以用点味噌与豆浆去煨煮，有不同的豆香风味。

145

这是一道苏格兰传统汤品，材料在很多商场都买得到，做法也非常简单。

羊排建议选择小羊的，比较没有羊膻味。

除了羊排外，薏米有"世界禾本科植物之王"的美称，是这道汤品的重要配角。

唯一要注意的是，薏米不宜与海带搭配，

二者同食会妨碍人体对维生素E的吸收，并会加重静脉曲张、淤血。

食材分量
4
人份

烹调时间
1/20
小时/分钟

苏格兰羊肉汤

食材

羊排块	500克	西芹	1根	黑胡椒粉	少许
薏米	180克	青蒜	1根	白酱料理块	90克
洋葱	1个	香叶	1片	圆白菜片	50克
胡萝卜	50克	盐	少许	橄榄油	适量

做法

1

先将羊排块氽烫，去除杂质、血水备用；薏米清洗沥干备用；洋葱、胡萝卜、西芹切丁，青蒜切段。

2

接下来用橄榄油炒香洋葱丁，依次加入胡萝卜丁、西芹丁、青蒜段、香叶、盐、黑胡椒粉和1600毫升水。

3

煮滚后加入羊排块与薏米炖煮1小时。

4

之后关火，加入白酱料理块搅匀，加盐调味，加入圆白菜片，重新加热至滚即可盛盘。

Tips

处理西芹时，注意根部容易藏泥沙，要清洗干净，粗的纤维外皮可以用削皮刀削掉。

鸭肉

肥瘦适中的鸭肉片，肉汁香甜，
酥脆的外皮裹着松软的芋泥，再搭上有淡淡咸味的咸蛋黄，
丰富有层次的口感，在家就可以轻松品尝。
一次可以多做一点放在冰箱里冷冻保存，炸时油温以170℃炸5分钟即可。

食材分量
2
人份

烹调时间
20
分钟

鸭肉片咸蛋黄芋泥球

食材

芋头	200克	初榨橄榄油	40毫升	鸭肉片	4片
咸蛋黄	2个	低筋面粉	适量	蛋黄酱	适量
燕麦烧酒	30毫升	鸡蛋液	适量	香菜叶	4片
白糖	25克	面包粉	适量		
土豆淀粉	40克	葵花子油	适量		

做法

1

将芋头去皮切片蒸熟；咸蛋黄泡燕麦烧酒1分钟，放入烤箱以200℃烤5分钟，放凉后每个切对半。

2

将熟芋头趁热捣碎拌入白糖，再加入土豆淀粉与初榨橄榄油搅拌均匀。

3

双手蘸适量初榨橄榄油，将芋泥捏成球状。在捏好的芋泥球中间塞入咸蛋黄。

4

将芋泥球依次裹上低筋面粉、鸡蛋液、面包粉备用。

5

热锅，以170℃葵花子油炸芋泥球约3分钟，捞起盛盘。

6

最后挤上蛋黄酱，放上鸭肉片用喷枪炙烤，再装饰香菜叶即可。

Tips

- 鸭肉片部位不拘。家中如无炙烧喷枪亦可用烤箱烤至上色即可取出。
- 若有剩下的芋泥球，先在平盘上铺保鲜膜，放上裹好面衣的芋泥球，注意不要重叠，等冷冻定型后再装袋，就不怕粘连。

玫瑰茄果酱加入黑豆酱油中，不但能提升咸度、增加色泽感，也更能凸显玫瑰茄酱汁的味道。
鸭腿通过铁锅煨煮后，淋上的橄榄油赋予料理浓郁的果香，
使软嫩的肉质咀嚼起来香气馥郁，
搭配玫瑰茄酱汁一起品尝，清爽又解腻。

食材分量	烹调时间
1 人份	20 分钟

玫瑰茄酱鸭腿

食材

鸭腿	1个	**＊玫瑰茄酱材料**		玫瑰茄	1克
油菜	4棵	甜面酱	20克	玫瑰茄果酱	60克
葡萄子油	20毫升	黑豆酱油	3大匙	初榨橄榄油	10毫升
姜片	5克	燕麦烧酒	20毫升		
葱	1根（切段）				

做法

1

油菜去叶留部分梗及根，然后氽烫备用；鸭腿氽烫备用。

2

将姜片、葱段以葡萄子油爆香，再加入鸭腿煎上色。

3

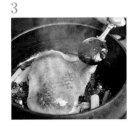

依次加入甜面酱、黑豆酱油炝锅，淋上燕麦烧酒至酒精挥发。

4

倒入玫瑰茄果酱、玫瑰茄，加250毫升水煮滚，再以中小火煨煮。

5

煨煮约10钟后酱汁变稠，取出鸭腿，起锅前淋上初榨橄榄油即可。

6

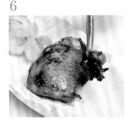

将鸭腿盛盘，淋上酱汁，装饰油菜即可。

Tips

油菜根容易积泥沙，所以要清洗干净。

食材分量
1
人份

烹调时间
15
分钟

鸭胸对很多人来说是道简单的料理，但要煎出完美的鸭胸，
外皮的处理是很重要的细节，划刀能增加外皮的脆度。
而使用铁锅烹饪，均匀的热度更是很关键；
静置一段时间后的鸭胸，切开时没有血水，会是漂亮的粉红色，
配上和龙眼干一起炖煮的爪哇咖喱酱汁，是很独特的口味。

咖喱龙眼干酱鸭胸

食材

鸭胸	1块
盐	适量
黑胡椒粉	适量
洋葱	80克
红葱头	1个
胡萝卜	30克
土豆	20克
芥花油	30毫升
龙眼干	10克
爪哇咖喱块	20克
玉米笋	2根
西蓝花	1朵
初榨橄榄油	10毫升
金莲花	适量

做法

1

先将鸭胸以刀划格纹，再撒上盐与黑胡椒粉备用。

2

接下来将洋葱切丝、红葱头切片；胡萝卜与土豆以去核器压成圆柱状备用。

3
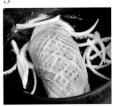
起一热锅，将鸭胸皮朝下以芥花油炒香，再加入洋葱丝炒至上色后，鸭胸翻面煎至金黄。

4

加入龙眼干、200毫升水，煮滚后加入爪哇咖喱块，小火再煮3分钟即可。

5

汆烫胡萝卜、土豆、玉米笋、西蓝花，取出盛盘，淋上初榨橄榄油。

6

最后将鸭胸取出切片摆盘，浇上酱汁，点缀红葱头片与金莲花即可。

Tips

这道咖喱料理，也可加些椰奶增加浓郁南洋风味，多的酱汁可以搭配饭一起食用。

食材分量
2
人份

烹调时间
10
分钟

这是来自台湾宜兰的传统味道，

软硬适中又有嚼劲的鸭赏，加上青蒜提味，就是最下饭的美食。

利用锅巴代替米饭，再淋上金橘酱，不但有解腻的效果，

更是一道适合与朋友小酌相聚的轻食下酒菜。

青蒜鸭赏锅巴米饼
佐客家金橘酱

食材

青蒜	2根
红薯	80克
鸭赏	120克
葡萄子油	30毫升
盐	适量
白胡椒粉	适量
甘甜油膏	20毫升
葵花子油	适量
锅巴	4片
糯米椒	1个
醋膏	适量
客家金橘酱	适量

做法

1

先将青蒜切斜段、红薯切块备用。

2

接下来将鸭赏以葡萄子油炒香，加入青蒜段、盐与白胡椒粉、甘甜油膏炒香起锅。

3

起一热锅，以葵花子油180℃炸红薯块约3分钟，锅巴与糯米椒炸约1分钟取出。

4

接下来将红薯块铺底，摆上鸭赏、锅巴。

5

最后放上糯米椒淋上客家金橘酱与醋膏点缀即可。

Tips

多的锅巴炸好后，可加一些香松或蜂蜜做成小零食。

甜菜根的鲜红色泽，来自于"甜菜红素"，
它具有抗氧化、抗自由基的作用。
威士忌的泥煤味与鸭赏的烟熏味，是这道意大利面独特香气的来源，
可改变一般人对甜菜根土腥味的既定印象。

食材分量	烹调时间
1 人份	15 分钟

泥煤鸭赏甜菜根贝壳面

食材

贝壳面	160克	纯橄榄油	30毫升	香菜	5克
鸭赏	100克	鳀鱼酱	1小匙	金莲花	适量
甜菜根	50克	鲜奶油	60毫升		
洋葱	20克	白酱料理块	10克		
青蒜	半根	泥煤威士忌	30毫升		

＊**煮面盐水比例**
面100克、水1000毫升、盐10克

做法

1

将贝壳面以盐水锅煮约10分钟后取出备用；甜菜根部分切丁，其余切片；洋葱切丝、青蒜切段备用。

2

接下来将鸭赏以纯橄榄油炒香取出，加入洋葱丝、青蒜段与甜菜根丁、鳀鱼酱拌炒。

3

加入200毫升水，煮滚后加入贝壳面、鲜奶油与白酱料理块煮至浓稠。

4

起锅前淋上泥煤威士忌，搅拌均匀后盛盘，摆上炒好的鸭赏。

5

最后装饰香菜、甜菜根片、金莲花即可。

Tips

不喜欢甜菜根的土腥味的读者，可以先将甜菜根与少许姜泥一起煮一下，这样可以减少土腥味。

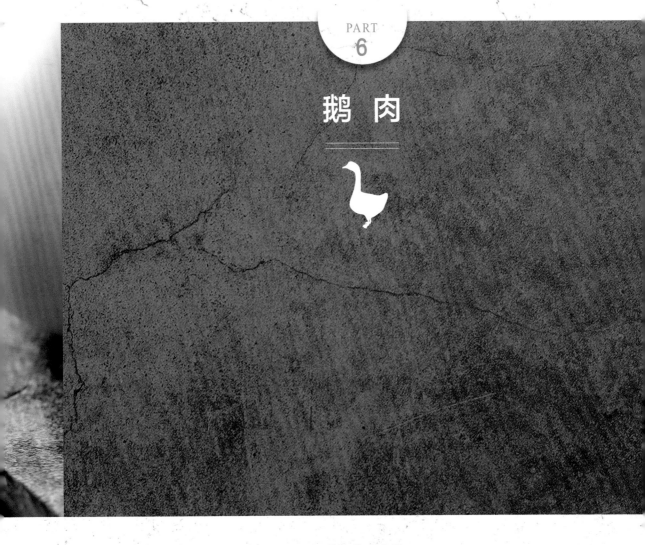

PART
6

鹅 肉

鹅肝佐韭菜卷

客家酸菜鹅腿佐荫凤梨酱

咖啡熏鹅

松露鹅胸糯米肠堡

鹅蛋酥炒米粉

酥炸韭菜卷，是奶奶的味道。
将韭菜炸到香酥，再淋上酱油膏，是奶奶早期在
田中务农时的传统吃法。
这里用意大利醋膏取代酱油膏，再搭配鹅肝酱，
使口感绵细柔滑，滋味香醇鲜美又余韵悠长。

食材分量
1
人份

烹调时间
10
分钟

鹅肝佐韭菜卷

食材

韭菜	100克	醋膏	适量	**＊啤酒面糊酱**		冰块	4块
韭菜花	1朵	蒜酥	2克	啤酒	150毫升	玉米淀粉	10克
鹅肝酱	50克	金莲花	适量	低筋面粉	100克		
葵花子油	适量			鸡蛋黄	1个		

做法

1

将韭菜整把氽烫备用；鹅肝酱以挖球器挖成球状备用。

2

取一根韭菜当绑绳，将剩下的韭菜绑起。

3

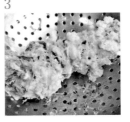

将啤酒面糊酱食材拌匀，放入韭菜卷裹匀，入葵花子油锅以180℃炸约2分钟取出。

4

最后将韭菜卷盛盘，淋醋膏、摆上鹅肝酱球，再点缀蒜酥、韭菜花与金莲花即可。

> **Tips**
> 烫好的韭菜捆一下炸时较不容易散开。

在这道料理中我使用了两大喜爱的元素——客家酸菜与荫凤梨酱，
酸得爽口、咸得开胃，很适合用来卤或熬汤，增添鲜味。
——特别献给我的客家母亲。

食材分量
1
人份

烹调时间
15
分钟

客家酸菜鹅腿佐荫凤梨酱

食材

鹅腿	1个	葡萄子油	20毫升	初榨橄榄油	10毫升
盐	适量	客家酸菜	50克	菠萝干	1片
白胡椒粉	适量	谷物醋	2大匙	甘甜油膏	适量
姜	5克	荫凤梨酱	100克		

做法

1

将鹅腿撒上盐与白胡椒粉；姜切丝备用。

2

以葡萄子油爆香姜丝，再加入鹅腿煎至上色。

3

接下来加入客家酸菜，以谷物醋炝锅。

4

倒入荫凤梨酱，加入60毫升水，以中小火煨鹅腿约2分钟。

5

鹅腿盛盘淋初榨橄榄油，点缀姜丝与菠萝干。

6

最后淋上荫凤梨酱汁、放上客家酸菜，再装饰甘甜油膏即可。

Tips

如果买回来的酸菜咸度比较高，建议清洗后先氽烫，降低咸度再下锅炒。

食材分量
1
人份

烹调时间
20
分钟

因为住在一家有名的咖啡烘豆厂附近，所以我以此为出发点，
设计出这道咖啡香与鹅胸肉香交织的美味。
层层烟熏上色的鹅胸肉，肉质鲜甜不油腻，滑嫩入口，
搭配有微微的烟熏味以及花果香气的布莱迪经典纯麦威士忌佐餐，相得益彰。

咖啡熏鹅

食材

鹅胸肉	1块
盐	适量
白胡椒粉	适量
纯麦威士忌	30毫升
萝卜	80克
韭菜花	2朵（装饰用）
金莲花	适量（装饰用）
醋膏	适量（装饰用）

✻ 熏鹅材料

咖啡粉	10克
白糖	5克
肉桂粉	1克
面粉	10克
迷迭香	1根
黑胡椒粒	1克

✻ 芋泥材料

芋头块	100克
初榨橄榄油	30毫升
盐	适量
黑胡椒粉	适量
油葱酥	2克

做法

1

把鹅胸肉以刀划格纹，撒上盐与白胡椒粉、淋上纯麦威士忌备用；萝卜切片备用。

2

将鹅胸肉与芋头块一同蒸熟，约蒸8分钟；萝卜片汆烫备用。

3
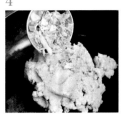
将铝箔纸铺底，撒上熏鹅材料，将蒸好的鹅胸肉放在蒸架上。接下来热锅，盖上锅盖，冒烟之后再烟熏约2分钟即可。

4

制作芋泥，把蒸好的芋头块以滤网过筛，加入油葱酥、盐与黑胡椒粉调味，淋上些许初榨橄榄油搅拌均匀备用。

5

最后将鹅胸肉取出切片，和萝卜片一起盛盘，淋上醋膏、附上芋泥、韭菜花与金莲花即可。

Tips

烟熏用的咖啡粉也可以用茶叶或花草叶代替，能熏出不同香气。

食材分量
2
人份

烹调时间
10
分钟

糯米肠香滑有弹性，通过铁锅煎上色的肠衣多了焦香味，更提升了糯米肠本身的甜味。
为传统糯米肠加入新创意，用传统的油葱酥与松露酱、纯麦威士忌一起熬煮的奶油酱汁，
不但让糯米肠香甜软嫩，也让整道料理散发出松露的香气。
搭配鹅肉片与爽口的小黄瓜丝，口感扎实又具有独特风味。

松露鹅胸糯米肠堡

食材

鹅胸肉	120克
盐	适量
黑胡椒粉	适量
樱桃萝卜	1个
小黄瓜	半根
糯米肠	2根
葡萄子油	40毫升
纯麦威士忌	30毫升
鲜奶油	120毫升
油葱酥	2克
白酱料理块	10克
松露酱	10克
花生粉	2大匙
红脉酸模叶	适量

做法

1 将鹅胸肉切片，加盐与黑胡椒粉调味；樱桃萝卜切片、小黄瓜切丝备用。

2 起一热锅，以葡萄子油煎糯米肠至上色，加入鹅肉片拌炒。

3 倒入纯麦威士忌至酒精挥发，加100毫升水煮滚。

4 依次加入鲜奶油、油葱酥、白酱料理块、松露酱煮约1分钟。

5 将糯米肠中间划开，放上小黄瓜丝，再塞入鹅肉片，盛盘淋上松露酱汁。最后撒上花生粉、放上樱桃萝卜片、红脉酸模叶即可。

Tips

酱汁中的松露酱，煮的时间不要太久，不然香气容易挥发。

鹅蛋体积约为一般鸡蛋的三倍大，重量可达80～100克，风味各有所长。
用鹅蛋来制作蛋酥，加入炒米粉时，可增加香气与口感，
而且有补气的效果，营养价值很高。
但炸蛋酥要注意油温，
倒入蛋液时必须隔滤网倒入油锅，蛋酥才会细致可口。

食材分量 1 人份

烹调时间 15 分钟

鹅蛋酥炒米粉

食材

鹅蛋	2个
香菇	3个
胡萝卜	30克
米粉	160克
绿豆芽	30克
米糠油	30毫升
盐	适量
白胡椒粉	适量
海米碎	20克
淡口酱油	40毫升
甘甜油膏	30毫升
葵花子油	适量
金莲花	适量
香菜叶	适量

做法

1
先将鹅蛋均匀打成蛋液，分成两份；香菇切片；胡萝卜切丝。

2
将米粉以70℃热水氽烫约2分钟后取出，另外将绿豆芽氽烫备用。

3
热锅，以米糠油分别炒香胡萝卜丝、香菇片，以盐、白胡椒粉调味备用。

4
接下来炒香一份蛋液和海米碎，加入淡口酱油炝锅，加250毫升水煮滚。

5
加入米粉、白胡椒粉、甘甜油膏，收汁即可卷起盛盘。

6
起锅将葵花子油烧至180℃，隔滤网加入另一份蛋液，炸成蛋酥备用。

7
最后依次摆放绿豆芽、米粉、蛋酥、金莲花、香菜叶即可。

Tips

买回来的绿豆芽，保存方法有三种：一种是用开水浸泡保存；另一种采买量大的是放纸巾包入密封袋在冰箱里冷冻；最后一种是滚水快速氽烫，捞起后用冰水冷却，滤干之后再放入保鲜盒冷藏。

本书使用食材与相关料理一览表

肉 类

牛

| 牛肋条 |
法式土豆泥焗牛肋条 P78

| 牛舌 |
牛舌黑米炖饭 P84

| 牛肚 |
鹰嘴豆牛肚番茄笔管面 P101

| 牛骨 |
雪浓牛骨牛奶锅 P102

| 牛肉馅 |
咖喱牛肉塔可饭 P81
牛肉煎饺 P83
炸牛肉金枣饼 P91

| 牛腱 |
凉拌剥皮辣椒牛腱贝壳面 P98

| 牛颊肉 |
酒炖牛颊肉 P95

| 安格斯牛肩肉 |
炙烧牛肉油葱饭团 P89

| 肋眼牛排 |
肋眼牛排佐黑蒜酱墨鱼面 P87

| 无骨牛小排肉片 |
藏红花牛肉米型面 P96

| 菲力牛肉 |
意式生牛肉 P75

| 嫩肩牛肉片 |
嫩肩牛肉凉拌米粉 P76
雪浓牛骨牛奶锅 P102

| 翼板牛肉 |
风味炸牛排 P93

羊

| 羊肉片 |
山羊奶酪佐羊肉面卷 P139
黑椒木耳酱甜椒羊肉片 P141

| 羊肋排 |
腐乳咖喱风羊肋排 P145

| 羊排块 |
苏格兰羊肉汤 P147

| 羔羊排 |
无花果红酒酱羔羊排 P143

鸭

| 鸭肉片 |
鸭肉片咸蛋黄芋泥球 P151

| 鸭胸 |
咖喱龙眼干酱鸭胸 P155

| 鸭腿 |
玫瑰茄酱鸭腿 P153

| 鸭赏 |
青蒜鸭赏锅巴米饼佐客家
金橘酱 P157
泥煤鸭赏甜菜根贝壳面 P159

鹅

| 鹅胸肉 |
松露鹅胸糯米肠堡 P169

| 鹅腿 |
客家酸菜鹅腿佐荫凤梨酱 P165

鸡

| 二节翅 |
橙香鸡翅 P109

| 全鸡 |
葡萄白酒酱炸半鸡 P132
美颜银耳山药胶原鸡汤 P135

| 鸡心 |
酸熘白菜破布子鸡心 P123

| 鸡肝 |
西班牙风蒜头鸡肝 P125

| 鸡胗 |
五味酱青龙鸡胗 P127

| 鸡翅根 |
酥炸奶酪鸡翅根 P110

| 鸡胸肉 |
鸡肉菠菜卷佐波夏大麦奶油酱汁
P112
水莲脆瓜鸡肉卷佐木瓜咖喱酱
P115

| 鸡软骨 |
金沙皮蛋鸡软骨 P129

蔬果类

水果

瓜果根茎类

图书在版编目（CIP）数据

肉味厨房 / 陈秉文著；周祯和摄影. —北京：中国
轻工业出版社，2021.1
　　ISBN 978-7-5184-3152-6

　　Ⅰ. ① 肉…　Ⅱ. ① 陈…　②周…　Ⅲ. ① 荤菜—烹饪
Ⅳ. ① TS972.125

中国版本图书馆 CIP 数据核字（2020）第 158869 号

版权声明：

责任编辑：郭　娇　　责任终审：李建华
责任校对：晋　洁　　责任监印：张京华　　整体设计：锋尚设计

出版发行：中国轻工业出版社（北京东长安街6号，邮编：100740）
印　　刷：北京博海升彩色印刷有限公司
经　　销：各地新华书店
版　　次：2021年1月第1版第1次印刷
开　　本：787×1092　1/16　印张：11.5
字　　数：200千字
书　　号：ISBN 978-7-5184-3152-6　定价：49.80元
邮购电话：010-65241695
发行电话：010-85119835　传真：85113293
网　　址：http://www.chlip.com.cn
Email：club@chlip.com.cn
如发现图书残缺请与我社邮购联系调换
200352S1X101ZYW